国家出版基金项目
"十三五"国家重点出版物出版规划项目

近感探测 ◆ 与毁伤控制技术丛书

无线电近感探测技术

Radio Proximity Detection Technology

潘　曦　李东杰　肖泽龙　宋承天　著

U0234891

北京理工大学出版社
BEIJING INSTITUTE OF TECHNOLOGY PRESS

内 容 简 介

无线电引信是利用发射和接收电磁波来获得目标信号的非触发引信，是应用最广泛的近炸引信体制。本书从理论研究和工程实践两方面详细论述无线电引信的工作原理和实际应用，从经典无线电引信到当前新型的无线电引信，均给予了详细分析和论述。对于经典无线电引信，包括连续波多普勒、连续波调频、脉冲多普勒体制，在基本原理研究和分析的基础上，结合笔者多年的工作经验，提出了较新的分析和处理方法，完善了无线电引信理论。之后，本书讲述几种新型体制的无线电引信，包括伪码调相、捷变频和多体制复合无线电引信的基本工作原理和设计方法，对无线电引信是有益扩充。最后，本书以连续波调频无线电引信设计为例，对设计关键技术予以分析，论述引信设计及测试过程，对无线电引信设计起到实际指导作用。

版权专有　侵权必究

图书在版编目（CIP）数据

无线电近感探测技术/潘曦等著 . —北京：北京理工大学出版社，2019.4
（2024.8重印）

（近感探测与毁伤控制技术丛书）

国家出版基金项目　"十三五"国家重点出版物出版规划项目

ISBN 978 - 7 - 5682 - 6962 - 9

Ⅰ . ①无…　Ⅱ . ①潘…　Ⅲ . ①无线电引信 – 探测技术　Ⅳ . ①TJ43

中国版本图书馆 CIP 数据核字（2019）第 075207 号

出版发行／北京理工大学出版社有限责任公司
社　　址／北京市海淀区中关村南大街5号
邮　　编／100081
电　　话／（010）68914775（总编室）
　　　　　（010）82562903（教材售后服务热线）
　　　　　（010）68948351（其他图书服务热线）
网　　址／http：//www.bitpress.com.cn
经　　销／全国各地新华书店
印　　刷／廊坊市印艺阁数字科技有限公司
开　　本／787 毫米 ×1092 毫米　1/16
印　　张／14.5　　　　　　　　　　　　　　　责任编辑／王玲玲
字　　数／275 千字　　　　　　　　　　　　　文案编辑／王玲玲
版　　次／2019 年 4 月第 1 版　2024 年 8 月第 3 次印刷　　责任校对／周瑞红
定　　价／72.00 元　　　　　　　　　　　　　责任印制／李志强

图书出现印装质量问题，请拨打售后服务热线，本社负责调换

近感探测与毁伤控制技术丛书

编 委 会

名誉主编：朵英贤

主　　编：崔占忠　粟　苹

副 主 编：徐立新　邓甲昊　周如江　黄　峥

编　　委：（按姓氏笔画排序）

王克勇　王海彬　叶　勇　闫晓鹏

李东杰　李银林　李鹏斐　杨昌茂

肖泽龙　宋承天　陈　曦　陈慧敏

郝新红　侯　卓　贾瑞丽　夏红娟

唐　凯　黄忠华　潘　曦

总 序

引信是武器系统终端毁伤控制的核心装置，其性能先进性对于充分发挥武器弹药系统的作战效能，并保证战斗部对目标的高效毁伤至关重要。武器系统对作战目标的精确打击与高效毁伤，对弹药引信的目标探测与毁伤控制系统及其智能化、精确化、微小型化、抗干扰能力与实时性等性能提出了更高要求。

依据这种需求背景撰写了《近感探测与毁伤控制技术丛书》。丛书以近炸引信为主要应用对象，兼顾军民两大应用领域，以近感探测和毁伤控制为主线，重点阐述了各类近感探测体制以及近炸引信设计中的创新性基础理论和主要瓶颈技术。本套丛书共9册：包括《近感探测与毁伤控制总体技术》《无线电近感探测技术》《超宽带近感探测原理》《近感光学探测技术》《电容探测原理及应用》《静电探测原理及应用》《新型磁探测技术》《声探测原理》和《无线电引信抗干扰理论》。

丛书以北京理工大学国防科技创新团队为依托，由我国引信领域知名专家崔占忠教授领衔，联合航天802所等单位的学术带头人和一线科研骨干集体撰写，总结凝练了我国近炸引信相关高等院校、科研院所最新科研成果，评述了国外典型最新装备产品并预测了其发展趋势。丛书是展示我国引信近感探测与毁伤控制技术有明显应用特色的学术著作。丛书的出版，可为该领域一线科研人员、相关领域的研究者和高校的人才培养提供智力支持，为武器系统的信息化、智能化提供理论与技术支撑，对推动我国近炸引信行业的创新发展，促进武器弹药技术的进步具有重要意义。

值此《近感探测与毁伤控制技术》丛书付梓之际，衷心祝贺丛书的出版面世。

序

　　无线电引信作为弹药的终端效能力量倍增器，是当前装备量最大、应用最广泛的近炸引信体制，受到国内外引信研究的广泛重视，在未来的近炸引信发展中，无线电引信仍将是近炸引信发展的主流。

　　相比雷达探测技术，无线电近感探测具有距离近、交会速度快、目标及背景特征复杂等特点，需要建立自己的理论体系和分析方法，进而推广应用于工程实践中。作为一本专门论述无线电引信的专著，《无线电近感探测技术》系统分析了各种常用无线电体制引信的工作机理，详细阐述了典型无线电引信设计方法，是一本理论与工程实践紧密结合的无线电引信设计用书。

　　该书涵盖范围广，内容全面，书中广泛涉及了多种典型无线电引信工作体制，既包含传统的连续波多普勒、连续波调频和脉冲等体制，又增加了较新的编码及变频体制。对每种体制从基本原理、信号建模、仿真分析及处理方法逐层深入地论述，为系统理解和学习无线电引信提供有力支持。

　　该书理论分析深入，工程实用性强。书中系统阐述了调频连续波等具有代表性的无线电引信工作机理，是对传统无线电探测理论进一步的补充。随着电子信息技术及信号处理理论的快速发展，无线电引信将不断推出新的探测机理和方法。该书紧密结合电子技术及数字信号处理的新发展，在引信探测原理、探测器设计和数字信号处理方面均有新的见解。同时，该书总结了作者多年来从事无线电引信科研工作的成果和经验，所提供的设计方案和实现方法对从事无线电引信设计和测试的工作人员具有很好的指导作用，也可供相关无线电引信科研工作者及研究生参考。

前　言

　　无线电引信是利用发射和接收电磁波来获得目标信号的非触发引信，是应用最广泛的近炸引信体制。本书从理论研究和工程实践两方面详细论述无线电引信的工作原理和实际应用，从经典无线电体制到当前新型的无线电体制，均给予了详细分析，侧重于无线电引信的基本原理及新技术发展的论述。

　　对于经典无线电引信体制，包括连续波多普勒、连续波调频、脉冲多普勒体制的无线电引信，在分析研究各个无线电引信体制基本探测原理基础上，结合当前电子技术发展新技术及笔者相关工作，提出了较新的分析和处理方法，完善了无线电引信理论。之后，本书讲述几种新型体制的无线电引信，包括伪码调相、捷变频和多体制复合无线电引信的基本工作原理，并提供了设计思路和方法，对无线电引信是有益扩充。最后，本书以连续波调频无线电引信设计为例，详细论述引信设计及测试过程，对设计关键技术予以详细分析，对无线电引信设计起到实际的指导作用。

　　本书主要结构框架：

（1）无线电引信基本理论及关键技战术指标（第1章）；

（2）经典无线电引信（第2章，第3章，第5.1、5.2节）；

（3）新型无线电引信（第4章，第5.3~5.5节，第6章，第7章）；

（4）一种无线电引信设计实例，给出方案、实现方法及测试（第8章）。

本书第1~3、8章由潘曦撰写，第4、6章由肖泽龙撰写，第5章由李东杰撰写，第7章由宋承天撰写，全书由潘曦统稿。感谢崔占忠教授对本书从组织到成文一直的关心和指导，感谢赵惠昌老师和张淑宁老师对本书部分章节的审阅，并提出了宝贵的意见，感谢郝新红老师为第7章内容提供技术支持，感谢王正浩、向程勇为本书所做的理论推导和测试工作，感谢娄志毅、刘守亮、佟颖、严硕、苏永超、吴俊杰、杨青等对本书所做的图文编辑工作。

本书内容基于笔者多年在无线电引信方面的研究工作，由于作者水平所限，书中不足之处在所难免，欢迎批评指正。

作　者

目 录
CONTENTS

第1章 概　　述

1.1 引信定义及基本概念

1.1.1 引信定义及作用过程

引信是一种利用目标信息、环境信息和平台信息，在保证勤务和发射安全的前提下，按预定策略对弹药实施起爆控制的装置。引信的基本作用有 3 个：

①确保引信生产、装配、运输、贮存、装填等勤务安全和发射过程，以及发射后弹道起始段安全。该功能由引信的安全系统完成。

②感受目标、环境信息，以及接收作战平台信息，并加以处理，确定战斗部相对目标的最佳起爆位置。该功能由引信的发火控制系统来完成。

③向战斗部输出足够的起爆能量，完全地引爆战斗部。该功能由爆炸序列完成。

对应以上功能，引信基本功能框图及在弹药中的位置关系如图 1 - 1 所示。

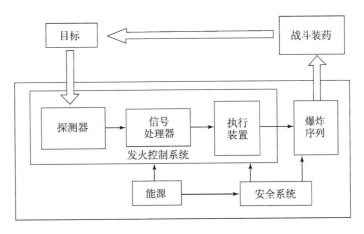

图 1 - 1　引信的基本组成

发火控制系统包括探测器、信号处理器和执行装置。它起着探测并获取目标信息、抑制干扰、确定战斗部的最佳起爆位置并实时给出起爆信号的作用。

爆炸序列用于输出足够的起爆能量，完全地引爆战斗部主装药，是各种火工元件按敏感程度逐渐降低而输出能量逐渐增大的顺序排列而成的组合。

安全系统是保证弹药安全并防止引信在运输、贮存、装卸、安装、发射直至延期解除保险结束之前的各种环境下解除保险和爆炸的装置的组合，包括保险机构（保险开关）、隔爆机构等。保险机构（保险开关）使发火控制系统平时处于不敏感或不工作状态，使隔爆机构处于切断爆炸序列通道的状态，或使直列式引信起爆回路能量无法积累到最小发火能量的状态，这种状态称为安全状态或保险状态。

能源装置是引信工作的基本保障，包括环境能源（由武器系统运动所产生的后坐力、离心力、摩擦产生的热、气流的推力等）及引信自带的能源（内贮能源），其作用是供给发火控制系统和安全系统正常工作所需的能量。

引信的作用过程包括解除保险过程、发火控制过程和引爆过程，如图 1 - 2 所示。

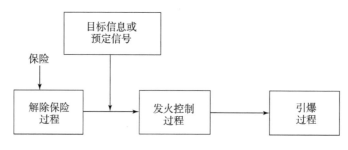

图 1 - 2　引信的作用过程

引信在勤务处理时的安全状态，一般来说就是出厂时的装配状态，即保险状态。武器系统发射或投放后，引信利用一定的环境能源或自带的能源完成引爆前预定的一系列动作而处于这样的状态：一旦接收由目标直接传输或感应得来的起爆信息，或从外部得到起爆指令，或达到预先装定的时间，就能引爆战斗部。这种状态为待发状态，又称待爆状态。引信首先由保险状态过渡到待发状态，此过程为解除保险过程。已进入待发状态的引信，从获取目标信息开始到输出火焰或爆轰能量的过程称为发火控制过程。将火焰或爆轰能量逐级放大，最后输出一个足够强的爆轰能使战斗部主装药完全爆炸，此过程为引爆过程。

1. 解除保险过程

为完成引爆战斗部主装药的任务，引信需要使用爆炸元件。爆炸元件是一次性作用元件，如果提前发火，将造成引信失效，这不仅影响引信作用的可靠性，甚至还危及我方人员的安全。因此必须采取技术措施，保证在平时（即从装配出厂开始到战斗中使用发射瞬间为止的整个期间）使引信完全处于抑制或不工作状态。这些技术措施统称为保险，为此而设置的机构和电路，统称为保险机构和电路。

引信平时所处的状态通常称为保险状态。引信发射（或投放）后，引信的保险机构和电路在环境力信息和电信号的控制下，从保险状态向待发状态过渡的过程，称为解除保险过程。此后，当引信遇到目标或获取预定信号时，即进入发火控制过程。但应说明，在发射（或投放）前获取预定信号而作用的引信（如时间引信），则在引信解除保险前即进入发火控制过程。

2. 发火控制过程

已进入待发状态的引信，从获取目标信息开始到输出火焰或爆轰能的过程，称为发火控制过程。

一般信息系统的作用过程大致分为四个步骤：信息获取、信息传输、信号处理和处理结果输出。对于引信来说，信息传输很简单，而处理结果输出的形式是火焰或爆轰能量。所以，可将引信的发火控制过程归并为信息获取、信号处理和发火输出 3 个步骤，如图 1 – 3 所示。

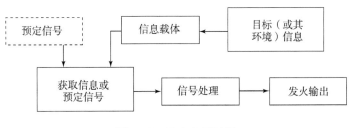

图 1 – 3　信息作用过程

（1）信息获取

信息获取是指探测（或接收）目标（或其环境）信息或预定信号，并转换为适于引信内部传输的信号，如位移信号、电信号等。因此，信息获取主要包括信息（或信号）传递和转换。

引信获取目标信息有以下三种方式：

①触感方式。指引信（或弹药）直接与目标接触，利用引信与目标相互间的作用力、惯性力和应力波传递目标信息的方式。

②近感方式。指引信在目标附近时，利用某种物理场将目标信息传送至引信的方式。

③接收指令方式。指由引信以外的专门仪器设备，如观察站的雷达、指挥仪或其他设备，自动完成获取目标信息的任务后，对引信直接发出引爆弹药的信号。例如，时间装定信号即发射前引信接收关于起爆时间的装定信号，以及发射后引信所接收的外来引爆指令等。

上述①、②两种方式是由引信本身直接完成获取目标信息的任务，故称为直接获取目标信息方式。第三种方式由于引信获取的执行信号是由目标信息转换得到的，故称为间接获取目标信息方式。将引信获取目标（或环境）信息或指令信号的装置，统称为敏感装置。

（2）信号处理

敏感装置获取的信息是初始信息，有用的目标回波信号与各种干扰信号混杂，需要进行相应分析处理，提取有用的目标信息，并生成引信引爆所需的发火控制信号。对于引信来讲，这种处理应是在引信飞行探测阶段实时进行，而不是事后处理。由于敏感装置所获取的信息是通过转换为信号的形式传输的，因此这种处理称为信号处理。通常，引信的信号处理应完成以下任务：

①信号放大。引信敏感装置获取的含有目标信息的信号是微弱信号，为方便处理，一般首先进行放大波处理。

②目标识别及参数估计。首先，识别含有目标信息的信号或预定信号，排除各种干扰信号（自然的和人工的），并根据目标回波信号提取目标距离、速度等参数。

③提供发火控制信号。引信起爆通常又称为发火，控制起爆的信号就称为发火控制信号。在初始信息中取出所需目标信息，并判断弹目相对位置，在最佳起爆位置（时机）提供起爆信号，即为信号处理最后得到的处理结果。

完成上述作用的机构，一般称为信号处理装置。该装置的设置与所要完成的具体任务根据引信类型和战术技术要求而异，名称也各不相同。随着信号处理器件水平的发展，信号处理装置逐渐从全模拟信号处理转变为数字信号处理，信号处理能力得到很大提升。

（3）发火输出

在引信中，获取目标信息的基本目的，是利用它控制引爆战斗部主装药。因此，引信处理结果输出的形式与一般系统的不同，要求输出能够引起起爆元件发火的能量，因而将引信的处理结果输出定名为"发火输出"。完成发火输出的相应装置称为执行装置。

3. 引爆过程

当发火输出后，发火控制过程结束而转入引爆过程。它的作用是使发火输出能量引爆起爆元件并逐级放大，最后输出足够引爆战斗部主装药的爆轰能。完成引爆过程的装置称为爆炸序列。当引信输出爆轰能后，战斗部主装药就会立即爆炸，引信的整个作用过程到此结束。

1.1.2 引信分类

引信分类的方法比较多，此处给出一种比较常见的分类方法，即按获取目标信息的方式分类。图 1-4 为引信分类框图。

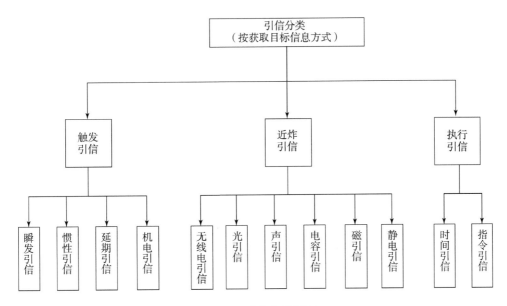

图 1-4 引信分类框图

1. 触发引信

触发引信是指依靠与目标实体直接接触或碰撞而作用的引信，又称为着发引信、碰炸引信。按作用原理，可分为机械的和电的两大类。按引信作用时间，分为瞬发式、惯性式和延期式等引信。

①瞬发引信：从触及目标至传爆序列输出爆轰或爆燃能量间的时间间隔小于 1 ms 的触发引信。此类引信适用于杀伤弹、杀伤爆破弹和破甲弹。

②惯性引信：也称短延期引信。从触及目标至传爆序列输出爆轰或爆燃能量间的时间间隔在 1~5 ms 的触发引信。一般配用此类引信的榴弹，爆炸后可在中等坚实的土壤中产生小的弹坑，对坚硬的土壤有小量的侵彻，可装在弹头，也可装在弹底。

③延期引信：是指目标信息经过信号处理后延长作用时间的触发引信。延期的目的是保证弹丸进入目标内部爆炸，延期时间一般为 10~300 ms。此类引信可以装在弹头，也可以装在弹底。但在对付很硬的目标时，应装在弹底。

④机电引信：属于瞬发引信，但因原理不同，数量又较多，从而自成一类。用压电元件将目标信息转换为电信号的压电引信是机电触发引信的重要一类，还有磁后坐发电机发射时取能、双层金属罩碰撞时闭合而发火等方式。机电触发引信的瞬发度高，一般在几十微秒，常用于破甲弹上。

上述"作用时间"是指从接触目标瞬间开始到发火输出所经历的时间，即触发引信的作用时间，这一性能又称为作用迅速性或引信的瞬发度，作用时间越短，瞬发度越高。

2. 近炸引信

近炸引信（proximity fuse）是通过周围空间物理场能量的变化来觉察目标，并在预定的位置上适时起爆战斗部的一种引信，又称为近感引信。近炸引信主要根据目标特性或环境特性感知目标距离、速度和（或）方位等信息。按其借以传递目标信息的物理场来源，可分为主动式、半主动式和被动式三类；按其借以传递目标信息的物理场的性质，可以分为无线电、光、磁、声、电容、静电、气压、水压等引信。

①无线电引信：是指利用无线电波获取目标信息而作用的近炸引信。根据引信工作波段，可分为米波式、微波式和毫米波式等；按其作用原理，可分为多普勒式、调频式、脉冲调制式、噪声调制式和编码式等。无线电引信的应用始于第二次世界大战，它不仅可以探测目标的存在，而且可以获得引信与战斗部配合所需的目标方位、距离或高度、速度等信息，提高杀伤效率，因此得到广泛应用。在各种炮弹和导弹近炸引信中，无线电引信占有非常重要的地位。

②光引信：是指利用光波获取目标信息而作用的近炸引信。根据光的性质不同，可分为红外引信和激光引信。红外引信使用较为广泛，特别是在空空导弹上应用更多。激光引信是一种新发展起来的抗干扰性能好的引信，应用越来越广泛。

③磁引信：是指利用磁场获取目标信息而作用的近炸引信。有许多目标，如坦克、车辆及军舰等，都是由铁磁物质构成的，它们的出现可以改变周围空间的磁场分布，离目标越近，这种变化就越大。目前，此类引信主要配用于航空炸弹、水中兵器和地雷上。

④声引信：是指利用声波获取目标信息而作用的近炸引信。许多目标，如飞机、舰艇和坦克等，都带有功率很大的发动机，有很大的声响。因此可使用被动式声引信，目前主要配用于水中兵器和反坦克弹药。在反直升机雷上有较好的应用前景。

⑤电容引信：是指利用引信电极间电容的变化来获取目标信息而作用的近炸引信。此类引信具有原理简单、定距精度高、抗干扰性能好等优点。这种引信在作用距离要求不大的场合得到广泛应用。

⑥静电引信：是指利用目标静电场信息而作用的近炸引信。这是近几年刚刚发展起来的一种引信，具有很好的应用前景。

近炸引信还常按"体制"进一步分类。所谓引信体制，是指引信组成的体系，即引信组成的特征。由于引信的组成特征与原理紧密相关，所以通常与原理结合在一起进行分类。例如，多普勒体制、调频体制、脉冲体制、噪声体制、编码体制和红外体制等。

3. 执行引信

执行引信是指直接获取外界专门的设备发出的信号而作用的引信。按获取方式，可分为时间引信和指令引信。

①时间引信：是指按预先（在发射前或飞行过程中）装定的时间而作用的引信。

根据其原理的不同，又分为机械式（钟表计时）、火药式（火药燃烧药柱长度计时）和电子式（电子计时）。此类引信多用于杀伤爆破弹、子母弹和特种弹等。

②指令引信：是指利用接收遥控（或有线控制）系统发出的指令信号（电的和光的）而工作的引信。此种引信需要设置接收指令信号的装置，不需要发射装置。但是，它需要一个大功率辐射源和复杂的遥控系统，容易暴露，一旦被敌方发现炸毁，引信便无法工作。目前多用于地空导弹上。

1.2　无线电引信基本概念

1.2.1　无线电引信概念及作用原理

无线电引信是利用无线电波感知目标的近炸引信，由目标探测装置、信号处理器、执行级、安全系统、爆炸序列和电源组成，其中目标探测装置通过发射和接收无线电波来探测目标，其原理框图如图 1-5 所示。

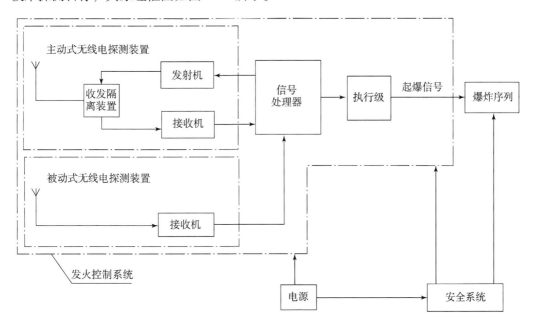

图 1-5　无线电引信原理框图

无线电引信中，探测装置接收目标反射或辐射的无线电波。目前无线电引信多采用主动探测模式，引信发射机发射无线电信号，并接收目标反射后的包含目标特征和弹目交会信息的信号，经过信号处理器进行目标检测及参数提取后，在预期的炸点位置输出起爆信号，引爆战斗部。半主动及被动探测模式与主动式探测的区别在于引信本身不发射无线电信号，仅接收第三方照射目标产生的回波或目标辐射信号来探测目标。

发火控制系统实现目标探测、目标参数分析、干扰抑制及输出起爆信号的功能，无线电引信的探测理论和设计方法主要体现在此部分，因此本书后续章节对于无线电引信的分析和讨论，主要集中于发火控制系统，即主要包含无线电探测装置、信号处理器、起爆控制的部分。

1. 目标探测装置

主动式无线电引信目标探测装置由发射/接收天线、发射机、接收机组成。非主动式目标探测装置由接收天线和接收机组成。

发射天线将发射机输出的射频能量向预定空间辐射，接收天线接收预定空间的电磁波并送至接收机。发射机的作用是产生预定功率及信号特征的射频能量，并将其输出的能量经馈电系统输送到发射天线上，一般包括射频源、调制器、功率放大器等。接收机的作用是接收、变频、放大目标反射或辐射的无线电射频信号，并送信号处理器进行处理。

对于常规炮弹引信，弹上引信可用空间很小，一般采用接收机和发射机共用天线，即单天线工作模式。单天线模式可采用自差或外差两种工作方式，自差式收发机是用一个有源器件，既作为发射机的振荡器，又作接收机的差拍和检波装置。而外差工作方式则是发射机和接收机分离工作，发射一定调制的信号，同时接收目标回波信号。采用外差工作方式需要考虑收发隔离问题，一般在发射机和接收机间设立隔离装置，保证接收机和发射机间一定的隔离度，避免发射信号直接馈入接收机对信号处理目标识别造成影响。对于自差及外差工作方式，本书后续均有相应论述。

2. 信号处理器

信号处理电路对探测器送来的信号进行时域、频域分析和处理，基本任务是：第一，根据引信和战斗部的配合要求，利用目标信号特征选择最佳起爆时刻；第二，提高引信抗干扰能力。

随着电子元器件水平的提升，引信信号处理电路逐步由模拟电路发展到模拟/数字混合电路或者全数字化电路。数字信号处理有利于较复杂的目标识别算法实现，数字化进程中，由于采样速率的不断提高，可以实现在更高频率段的采样，从而更多模拟电路功能可被数字化替代，仅通过选择、执行不同的软件来实现不同的战术技术需求，从而提高无线电引信对不同目标和作战环境的适应能力。

3. 执行级

执行级是将信号处理器的输出信号转变为启动信号的一种电路。执行级主要由储能器（电容）、电点火开关等组成，它的负载是爆炸序列的电雷管或电点火管。储能器具有瞬时提供较大功率电能的特性，从而能供给电雷管足够的发火能量。引信中多用闸流管或可控硅作为开关元件。

4. 电源

电源是提供攻击引信电路和电气组件正常工作的电能源装置，对引信电源的要求及其特点有：体积小，质量小；具有足够的强度，满足特定振动和冲击要求；满足温度和湿度的环境条件；工作稳定、噪声小；贮存寿命长等。

1.2.2　无线电引信特点

无线电引信也称为雷达引信（radar fuze），无线电引信同样研究无线电传播、目标散射等问题，雷达原理也适用于无线电引信，可借鉴一般雷达的工作体制、原理及信号处理方法。但是，无线电引信应用有特定环境和独特的战术、技术特点，其自身具有一定特殊性。

1. 近程探测

相比雷达，引信作用距离短，引信和目标间的作用距离与目标本身的几何尺寸大小可以相比拟，为近场探测。此时目标不能简单看做点目标，而是作为体目标进行目标散射特性分析。发射电磁波对目标的照射是变化的局部照射，反射信号变得更加复杂，引信在信号处理时，不仅回波信号幅度、频率具有决定意义，而且与目标不同部位反射信号的相位关系相关。

2. 工作时间短

与一般雷达不同，无线电引信工作在弹目高速交会状态，弹目相对速度快，可用于目标检测和信号处理的时间极短，一般仅有百分之几或千分之几秒的时间，在如此短时间内利用无线电回波的信息判别目标并给出最佳起爆点，要求引信具有快速信号处理能力。

3. 探测灵敏度低

由于引信的近程探测工作特点，发射机发射功率远远小于雷达发射功率，同时引信的体积和功耗严格受限，信号处理时间很短，其微弱信号识别和处理能力小于雷达系统，即其所能处理的最小有益信号功率需大于一般雷达，其灵敏度相对低。但随着信号处理水平的长足进步，更先进的信号处理算法不断出现，引信探测灵敏度也在不断提升。

4. 引战配合特性

引战配合是指在给定的弹丸和目标交会条件下，引信启动区与战斗部的动态杀伤区协调一致的性能。引信的启动区除受引信收发系统和信号处理电路的性能和目标特性的影响外，还受弹丸与目标的交会条件、脱靶量的影响。战斗部的动态杀伤区由战斗部参数和导弹与目标的交会条件确定。根据引战配合效率的要求，选择引信的最佳炸点，达到最大毁伤概率，是无线电引信要实现最终目的。

5. 小型化需求

无线电引信安装于导弹或常规炮弹之上，其体积和功耗均有严格限制，在实现功能的同时，小型化设计是无线电引信必须面临的问题。对于无线电引信，常规的雷达系统设计方法并不完全适用，无线电引信的设计是系统复杂度和小型化的折中。

1.3　无线电引信分类

无线电引信依据目标与引信的空间物理场形成方式，可分为主动式、被动式和半主动式。主动式无线电引信借以工作的物理场由引信本身产生，和引信一起运动，当目标进入该场内后，引信的探测装置就能感知到目标的存在。例如，无线电引信发射射频电磁波，当目标进入该电磁场内后，引信通过对目标反射的回波信号进行分析、处理，就能提取出目标距离、速度等信息。被动式无线电引信是靠目标固有的物理场（如红外、声、磁、静电场等）而工作的，这种引信的优点是结构简单、低能耗、难以干扰；缺点是易受场源强度的影响，工作状态不稳定。半主动式无线电引信借以工作的物理场既不由引信产生，也不由目标产生，而是由设置在地面、飞机或军舰上的特殊装置发射出来的。引信接收到信号后，要鉴别出是由目标反射还是由场源直接辐射的，才能正常工作。

主动式引信的回波特性分析方法与信号处理方法可以借鉴应用于被动式和半主动式引信，本书中主要讨论主动式无线电引信。典型主动式无线电引信分类如图 1-6 所示。

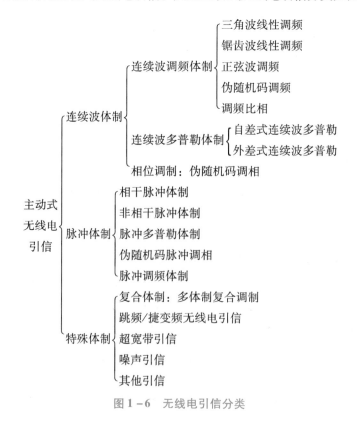

图 1-6　无线电引信分类

1.4　无线电引信设计概述

1.4.1　关键参数

对于无线电引信设计，一项主要任务是选择引信工作参数，以匹配导弹总体的战术技术要求。这些参数包括探测体制和工作频段、接收灵敏度、天线参数及引信外形尺寸和接口等，其中外形尺寸和接口一般由系统总体提出。本节主要讨论探测体制和工作频段、接收灵敏度、天线参数等引信工作参数。

1. 探测体制和工作频段

在选择目标探测装置的探测体制和工作频段时，主要考虑研制任务书提出的技术要求，同时考虑系统复杂度、成本等，尽可能使电路和机构简单、可靠、实用。结合引信的实际应用情况，选择探测体制时，为满足引战配合需求，选择能获取较多弹目交会信息的探测体制和快速信息处理技术，以满足实时性的要求。而探测波形应含有较多的特征参数，以利于目标的检测识别和提高抗干扰性能。以下给出总体原则，后续章节会针对不同工作体制进行更详细的分析。

（1）发射信号波形选择

发射信号波形不仅决定无线电引信对目标的检测性能、分辨力（距离、速度）、测量精度、杂波抑制和抗干扰能力，还决定了信号产生、接收的最佳处理方式。模糊函数是发射信号波形设计和分析的有效工具，其定义如下：

$$\chi(\tau, f_d) = \int u(t) u^*(t+\tau) e^{j2\pi f_d t} dt \tag{1-1}$$

式中，$u(t)$ 为发射信号波形的复包络；$u^*(t+\tau)$ 为 $u(t)$ 的复共轭函数；τ 为回波信号距离时间延迟；f_d 为相对运动引起的频差，表示径向速度。

以 τ、f_d 为平面坐标，$|\chi(\tau, f_d)|^2$ 为纵坐标构成的模糊图，可以直观地表示出探测波形的距离，速度二维分辨力和模糊度，测距、测速的精度及抑制杂波的能力。对于无线电引信，一般要求应有尖锐的距离截止特性和不模糊的测量距离。

（2）工作频段选择

随着固态微波器件、单片微波、毫米波集成电路的发展和应用，无线电引信工作频率可以在很宽的频段上选择。选取目标探测装置的工作频段时，应考虑弹上天线尺寸、形状、方向图的要求，尽量避开雷达窗口频率，并应满足全弹电磁兼容性和抗干扰性能的要求。

目标探测装置工作于高频段时，不仅可以缩小射频部件的尺寸，得到较窄的天线波束，提高测角精度，也便于采用多种调制波形，提高测距、测速的分辨力。同时，也能获取更多的目标特征和交会信息，提高引战配合效率，并减少背景杂波，提高抗干扰能力。

2. 接收灵敏度

无线电引信接收灵敏度定义为：引信启动时，接收机接收的最小可检测信号功率电平，通常又称为引信启动灵敏度。它受发射回路参数（天线增益、发射功率）、接收回路噪声（内部噪声、发射泄漏、振动噪声）、引信启动时要求的信噪比等因素的限制。

雷达作用距离方程描述了无线电引信的主要性能参数和目标特性参数的相互关系，是计算引信灵敏度的理论公式。接收机输出端信噪比为：

$$\frac{S_0}{N_0} = \frac{P_t\lambda_0^2 G_t G_r \delta_n}{(4\pi)^3 R_m^4 KT_0\Delta f L_s F_n} \tag{1-2}$$

式中，P_t 为发射机输出功率（W）；G_t 为发射天线增益系数（dB）；G_r 为接收天线增益系数（dB）；λ_0 为无线电引信自由空间工作波长（m）；δ_n 为目标最小反射面积（m^2）；R_m 为引信最大作用距离（m）；K 为玻尔兹曼常数，其值为 1.38×10^{-23} J/K；T_0 为接收机工作热力学温度（K）；Δf 为接收机等效噪声带宽（Hz）；L_s 为接收回路损耗（dB）；F_n 为接收机噪声系数（dB）。

因此，接收机的最小可检测功率电平（灵敏度）为：

$$S_{\min} = KT_0\Delta f F_n\left(\frac{S_0}{N_0}\right) = \frac{P_t\lambda_0^2 G_t G_r \delta_n}{(4\pi)^3 R_m^4 L_s} \tag{1-3}$$

为了保证引信有足够高的探测概率和小的虚警率要求，通常要求引信启动时，接收机输出端的信噪比 $\dfrac{S_0}{N_0}\geqslant 14$ dB。

接收机灵敏度的设计，实质上是反复调整无线电引信发射、接收回路的参数（如发射机输出功率 P_t、发射天线增益 G_t、接收机噪声系数 F_n）的过程。

3. 天线参数

无线电引信启动区的形状、位置由目标特性、交会条件（弹目相对速度、脱靶量、脱靶方位、交会角）和引信自身参数（天线参数、接收机灵敏度、信号处理时间）等因素决定。天线波束表示了在不同方向上探测目标的能力，是决定引信启动区位置和形状的主要因素。

（1）天线波束倾角

天线波束倾角表示天线最大辐射方向与弹轴间的夹角。以对空无线电引信为例，无线电引信的天线波束倾角 θ_t 通常是按最大脱靶量对应的启动角来确定的。为使计算方便简单，确定天线波束倾角 θ_t 时，仅考虑共面交会情况，如图 1-7 所示。

按图 1-7 中的几何关系可以计算出：

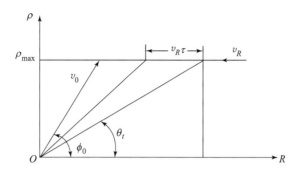

图 1 - 7　弹目平行交会

$$\theta_t = \arctan\left(\frac{\rho_{\max}}{v_R\tau + \dfrac{v_R}{v_0}\dfrac{\rho_{\max}}{\sin\varphi_0} + \dfrac{\rho_{\max}\cos\varphi_0}{\sin\varphi_0}}\right) \qquad (1-4)$$

式中, $\rho_{\max}$ 为最大脱靶量（m）; v_R 为弹目相对速度（m/s）; τ 为延迟时间（s）; v_0 为战斗部破片初速（m/s）; φ_0 为战斗部破片静态飞散方向角（°）。

　　考虑到弹目交会速度对启动区的影响及引信信号处理所需要的时间，无线电引信天线波束倾角 θ_t 一般选择在 $50° \sim 90°$。波束倾角选定后，通过选择延迟时间 τ 来使引信启动区与战斗部动态杀伤区相重合，以满足引战配合的要求。

　　（2）天线波束宽度

　　为提高引信空间分辨力和抗干扰能力，希望天线波束宽度窄一些。但按目标探测和信号处理所需要的时间要求，天线波束需要有足够的宽度。设目标穿越波束宽度的时间为 t_c，以共面交会为例，如图 1 - 8 所示。

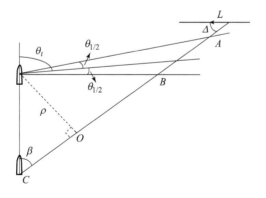

图 1 - 8　弹目共面交会

由图 1 - 8 可得：

$$t_c = \frac{AB}{v_R} + \frac{L\cos\Delta}{v_R} \qquad (1-5)$$

式（1-5）和图1-8中，AC 为弹目相对速度路径；L 为目标长度（m）；Δ 为目标轴线与弹目相对速度矢量间的夹角（°）；θ_t 为天线波束倾角（°）；$\theta_{1/2}$ 为天线波束宽度的一半（°）；β 为弹体轴线与弹目相对速度矢量间的夹角（°）；ρ 为脱靶量（m）；AB 为穿越波束的区间长度。

$$AB = AO - BO = \frac{2\rho(1 + \tan^2 a)\tan\theta_{1/2}}{\tan^2 a - \tan^2\theta_{1/2}} \tag{1-6}$$

式中，$a = \theta_t - \beta$。

可解得：

$$\tan\theta_{1/2} = \frac{-\rho(1 + \tan^2 a) \pm \sqrt{\rho^2(1 + \tan^2 a)^2 + (v_R t_c - L\cos\Delta)^2 \tan^2 a}}{v_R t_c - L\cos\Delta} = K$$

$$\tag{1-7}$$

从而可得：

$$\theta_{1/2} = \arctan K \tag{1-8}$$

由式（1-8）可以求得所需的波瓣宽度 $2\theta_{1/2}$。计算时，一般取目标穿越波束宽度的时间 t_c 为引信信号处理所需时间 t_0 的3倍。

实际上，最小波瓣宽度受天线长度的限制，天线最大尺寸限定的最小波瓣宽度应大于式（1-8）所确定的值。

（3）天线其他参数的确定

天线增益设计可与接收机灵敏度设计综合考虑。天线波束宽度确定之后，因其辐射效率近似为1，天线增益 G 近似为 $26\,000/(\theta_E\theta_H)$。式中，$\theta_E$、$\theta_H$ 为两个正交平面的半功率波束宽度。θ_H 在弹轴平面内，θ_E 在垂直于弹轴的平面内。

天线副瓣电平参数设计中需要考虑的因素比较多。希望引信天线前向副瓣电平尽可能低，以减小目标在天线副瓣区启动的概率。其余副瓣区的电平也要低，有利于抗干扰。例如，空空导弹中要求主、副瓣电平相差不小于20 dB。若副瓣电平太高，则需要采取副瓣抑制措施。

另外，对地无线电引信为适应不同落角，一般要求具有较大波束宽度。

1.4.2 引战配合

引战配合性能是指在给定的导弹和目标交会条件下，引信启动区与战斗部的动态杀伤区协调一致的性能。战斗部动态杀伤区是指导弹相对目标飞行中战斗部爆炸所形成的杀伤元素的飞散区域，引信的设计应保证引信启动区和战斗部动态杀伤区配合一致，达到战斗部引爆时，目标要害部位正好处于战斗部动态破片的飞散区内，使目标获得最大杀伤效率。

引战配合效率是这样定义的：

$$\eta = \frac{R}{R^*} \qquad\qquad (1-9)$$

式中，η 为引战配合效率；R 为配用真实引信的弹丸单发毁伤概率；R^* 为配用理想引信的弹丸单发毁伤概率。

　　由此，弹丸的单发毁伤概率可以作为引战配合的定量指标。这样定义的引战配合效率指标与理想引战配合的定义是一致的，同时撇开了战斗部的毁伤效应及目标的易损性问题，使得讨论更具一般性。

　　引战配合问题可以用图 1-9 所示的简化模型表示，模型建立在弹体球面坐标系上。假设弹目相对运动速度方向与弹轴平行。

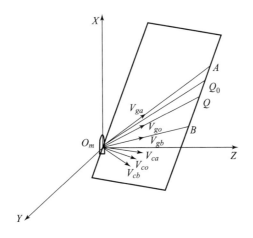

图 1-9　引战配合示意图

　　图 1-9 中，l 为目标相对运动轨迹，在战斗部中心 O_m 与目标相对运动轨迹决定的平面 N 内（称为弹目相对运动平面），战斗部破片静态飞散中心的破片静态速度为 V_{co}，破片静态飞散区前沿和后沿静态飞散速度分别为 V_{ca} 和 V_{cb}；与弹目相对速度矢量叠加后，得到对应的破片动态速度分别为 V_{go}、V_{ga}、V_{gb}。它们的方向与目标相对运动轨迹的交点分别为 Q、A、B。由图可见，目标飞至 Q 点使战斗部起爆的引战配合为最佳引战配合。实际战斗部起爆时，目标经常是偏离点 Q 的，设战斗部起爆时目标处于 Q_0 点，最佳炸点的控制实际上就是要使 Q_0 最大限度地逼近 Q 点。

　　战斗部实际起爆时，如果 Q_0 点位于 AB 之间，则战斗部起爆时，动态飞散区都可以覆盖目标，也就是可以认为命中。考虑到弹丸在脱靶平面上二维空间散布的随机性，将所有可能交会的弹道"命中目标"事件发生概率的均值定义为单发命中概率。

　　提高引信与战斗部的配合效率，就要使引信的启动区与战斗部的动态杀伤区相重合，在技术实现上，有两种途径：一是调整引信的起爆区；二是调整战斗部的动态杀伤区。从引信设计角度出发，列出一些提高引战配合效率的技术途径：

①调整引信方向图：对无线电引信来说，可以通过改变接收天线的方向图相对于弹轴的夹角来调整引信起爆区；

②利用信号处理方法来提高引战配合效率；

③采用如测角体制等体制，选择引信起爆角，从而提高引战配合效率。

1.5 无线电引信目标特性分析

1.5.1 近场目标特性

引信与目标交会过程中，目标处于引信天线的近场区。此时引信与目标间的距离往往与目标的尺寸为同一个数量级，到达目标和目标反射的电磁波均为球面波，引信天线接收目标反射信号的幅度、相位、多普勒频谱等较远场区情况要复杂。

对于引信来说，近场目标特性有如下特点：

1. 近场区的体目标效应

近场时，目标尺寸和弹目距离都远大于引信的工作波长，目标上各散射点与天线的距离相差甚大，导致天线某一时刻发出的信号，目标上各散射点散射信号并返回到引信接收机的时刻不一致。由此引起复杂目标近场区的体目标效应，目标回波信号产生急剧起伏。

2. 天线方向图对目标散射的影响

近场时，目标各散射元对应着天线方向图的不同部位，尤其对于窄波束天线来说，当目标与天线的距离过近，致使目标对天线所张开的角大于主波束宽度时，就会形成主波束对目标的局部照射。张角越大，主波束越窄，局部照射越严重。

3. 近场区对多普勒频率的影响

由于近场区时，目标不能看作一个点，目标上很多的散射点对多普勒频率都起作用。此时多普勒频率不是单一的频率，而是呈现一个频带。

1.5.2 近场雷达截面积

研究目标散射特性时，雷达截面积的概念必不可少。雷达截面积又称为雷达散射截面积（Radar Cross Section，RCS，σ），是目标的一种假想面积，是在给定方向上返回或散射功率的一种量度。

雷达截面积定义式如下所示。

$$\sigma = 4\pi \lim_{R \to \infty} R^2 \frac{|\overrightarrow{E^s}|^2}{|\overrightarrow{E^i}|^2} = 4\pi \lim_{R \to \infty} R^2 \frac{|\overrightarrow{H^s}|^2}{|\overrightarrow{H^i}|^2} \qquad (1-10)$$

式中，E^s、H^s分别为散射电场和散射磁场；E^i、H^i分别为入射电磁场。

式（1－10）中，雷达截面积的定义建立在 $R \to \infty$ 的基础上，这样消除了距离的影响，使目标雷达截面积与距离无关。这要求天线与目标的距离足够远，发射电磁波到达目标时，可看作平面波，同时，目标散射电磁波到达接收机时，也可看作平面波。

严格意义上的雷达截面积是定义在远场基础上的，当收发天线移至近场时，定义不再有效。为了表征散射体的近场散射特性，需将雷达散射截面的定义推广至近场情况。对于近场的 RCS，有几种不同的定义方式：

1. 基于雷达方程

图 1－10（a）中，表示了远场情况下，目标可以看作点目标，此时天线接收和发射功率比为：

$$\frac{P_2}{P_1} = \mathrm{RCS}\left\{\frac{\lambda}{4\pi r_1^2}G_1(k_1)\right\} \cdot \left\{\frac{\lambda}{4\pi r_2^2}G_2(k_2)\right\} \cdot \left\{\frac{p}{4\pi}\right\} \qquad (1-11)$$

式中，P_1 为发射天线功率；P_2 为接收天线功率；RCS 为远程雷达散射截面积；r_1 为 B 点发射天线到目标的距离；r_2 为 C 点发射天线到目标的距离；$G_1(k_1)$ 为 k_1 方向（沿 BT 方向）上发射天线增益；$G_2(k_2)$ 为 k_2 方向（沿 CT 方向）上接收天线增益；p 为接收天线的极化系数。

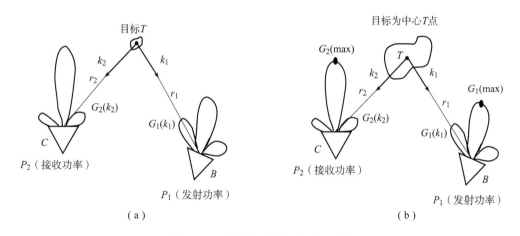

图 1－10　接收和发射功率比示意图

（a）远场目标看作点目标；（b）近场目标具有一定体积

近场体目标情况下，k_1 和 k_2 方向不是单一的，天线到目标的距离也不是确定的。有一种近场 RCS 的定义是天线最大增益作为天线到目标的增益，且目标的几何中心到天线的距离近似天线到目标的距离。

$$\frac{P_2}{P_1} = \mathrm{RCS}\left\{\frac{\lambda}{4\pi r_1^2}G_1(\max)\right\} \cdot \left\{\frac{\lambda}{4\pi r_2^2}G_2(\max)\right\} \cdot \left\{\frac{p}{4\pi}\right\} \qquad (1-12)$$

该定义消除了距离对于近场 RCS 的影响，但对于窄波束天线，选取最大增益方向作为天线在目标方向上的增益存在较大误差。

另一种近场 RCS 定义是将天线最大增益方向修正为天线相对于目标中心的增益，其他与第一种定义相同。但不同的确定目标中心的方法会导致结果差异较大。

2. 广义雷达散射截面积

定义近场情况下，散射体的广义雷达截面积（GRCS）为：

$$\text{GRCS} = 4\pi R^2 \frac{|\vec{E}^s \cdot \hat{e}_r|^2}{|\vec{E}^i(\vec{R}_o)|^2} \tag{1-13}$$

式中，$\vec{R}_o$ 为散射体几何中心；R 为接收天线至 $\vec{R}_o$ 的距离；$\hat{e}_r$ 为接收天线的极化方向。

定义假设了这样的条件：入射波来自可位于散射体近场的全向辐射天线。由此避免了"1. 基于雷达方程"中近场 RCS 定义中天线增益的问题。此处考虑接收天线的极化方向，因为接收到的信号将正比于沿天线极化方向上的散射场分量。但距离仍然取接收天线到目标几何中心的距离，与"1. 基于雷达方程"中存在同样问题。

3. 基于单元分解的雷达散射截面积

一般定义满足 $R > (2l'^2)/\lambda$ 就可满足远场条件。对于一个几何尺寸较大的目标近场散射问题，将近场目标分成若干单元，使每个单元满足远场条件式，则相对于每个小单元，入射场可以看作远场，入射到单元的电磁波近似为平面波。于是问题转化为单元的目标散射组合问题。RCS 可以表示为：

$$\sigma_U = \left| \sum_{j=1}^{M} \sqrt{\sigma_k} \exp\left(\frac{4\pi R_k}{\lambda}\right) \right|^2 \tag{1-14}$$

式中，σ_k 为单独散射元的雷达截面积；M 为目标所分成的小目标散射单元的个数；R_k 为第 k 个散射元到引信天线的距离；λ 为入射波波长。

上式表明近场雷达散射截面积既有幅值信息 σ_k，又含有相位信息 $4\pi R_k/\lambda$。此方法不存在距离和天线增益的近似问题。

目标分解为若干个满足远程条件的单元的方法称为单元分解法，此方法是用于解决近场问题的核心研究方法。以工作波长为 $\lambda = 0.03$ m 的电磁波照射长 10 m 的目标为例，如分成 100 个 0.1 m 长的小单元，则远场最小距离为 $r_{\min} \approx 0.667$ m，对于引信作用距离，这样的远场条件也是可以满足的。

1.5.3 体目标近场特性分析示例

1. 地面雷达散射截面积

引信射频前端发射机和接收机处于同一空间位置，因此，对地作用时，目标回波信号主要为地面后向散射信号。引信对地照射情况可以由图 1 - 11 给出，其中 φ 为引信天线半功率角，ϕ 为引信落角，H 为引信垂直高度。对于对地无线电引信，一般满足 $\varphi/2 > \pi/2 - \phi_{\min}$。图中 R 定义为相应的距离分辨单元半径，该半径内的所有目标的反射信号被视为一个整体处理。对于线性调频连续波引信，R 的大小与引信距离分辨力 ΔR、垂直高度 H 有关，根据三角几何关系，可以表示为：

$$R = \sqrt{(H + \Delta R)^2 - H^2} \tag{1-15}$$

对于三角波调制的线性调频连续波引信，$\Delta R = \dfrac{C}{4\Delta F}$，其中 ΔF 为调制频偏。

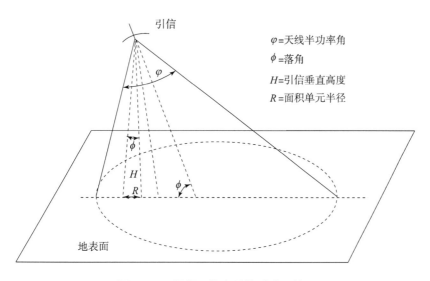

图 1-11　调频无线电引信对地照射图

根据雷达方程，无线电回波信号功率与距离、地面散射强度、发射信号功率、天线增益等因素有关：

$$P_r = \frac{P_t G^2 \lambda^2}{(4\pi)^3 R^4} \sigma \tag{1-16}$$

式中，P_r 为接收到回波信号的功率；P_t 为发射信号功率；G 为天线增益（发射、接收使用同一天线）；λ 为发射信号波长；R 为距离；σ 为地面等效雷达反射截面积。

地面反射信号主要由地面后向散射信号组成，可以视为距离分辨单元内的多个反射点散射信号的叠加。地面无线电散射场是由多个散射单元散射信号的叠加所形成的散射场。散射场强度是多个散射信号的矢量和。一般来说，粗糙表面的后向散射场中各个散射点之间满足非相关特性。各个散射点的散射信号相位满足均匀分布。多个散射单元组成的地面后向散射场的雷达截面积 σ 可以由下式给出：

$$\sigma = \left| \sum_{n=1}^{N} \sqrt{\delta_n} \, \mathrm{e}^{\mathrm{i}\varphi_n} \right|^2 \tag{1-17}$$

式中，δ_n、φ_n 分别为第 n 个反射单元的雷达截面积和散射信号相位。由于对于粗糙地面的后向散射，可以认为 φ_n 满足均匀分布。因此，粗糙地面后向散射平均雷达截面积 $\bar{\sigma}$ 可以表示为：

$$\bar{\sigma} = \sum_{n=1}^{N} \sigma_n \qquad (1-18)$$

参照 Herbert Coldstein 引入目标归一化雷达截面积 σ^0 来衡量地面后向散射问题。σ^0 定义为单位照射面积内的目标雷达截面积。此时粗糙地面后向平均雷达截面积可以表示为：

$$\bar{\sigma} = \int_s \sigma^0 \mathrm{d}s \qquad (1-19)$$

地面归一化雷达截面积 σ^0 可以很好地衡量地面不同位置的无线电后向散射效果。关于地面后向散射问题，国内外研究较为成熟，结合大量试验数据与理论分析，建立了很多模型。其中积分方程模型（IEM）及其改进型模型应用较为广泛，具备较高的模型精度，与大量实测数据较为吻合。本书参考文献提出的 AIEM 模型，定量分析了不同地面散射特性，AIEM 模型表达式如下：

$$\delta_{pq}^s = \frac{k^2}{2} \exp\left[-2\left(k\cos\theta\right)^2 s^2 \right] \sum_{n=1}^{\infty} s^{2n} \mid I_{pq}^n \mid^2 \frac{W(-2k\sin\theta, 0)}{2} \qquad (1-20)$$

式中，δ_{pq}^s 为归一化雷达后向散射系数，表征地面后向散射归一化雷达截面积；p、q 表示发射和接收天线极化方式；$k = 2\pi/\lambda$，为波数；θ 为入射角；W 为表面自相函数的粗糙度谱函数；s 为粗糙度的均方根高度；I_{pq}^n 为与菲涅尔反射系数和粗糙度谱函数有关的函数。图 1-12 ~ 图 1-15 为建立的裸地、冻土、茂盛的芦苇地和玉米地在不同极化方式下，S 波段实测归一化雷达后向散射系数与入射角度的关系。

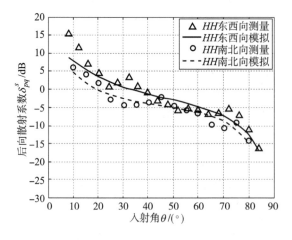

图 1-12　裸地条件下后射散射系数与入射角度关系

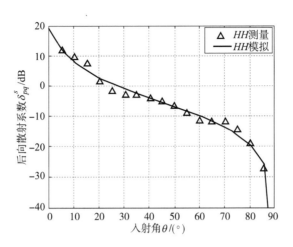

图 1 - 13 冻土条件下后向散射系数与入射角度关系

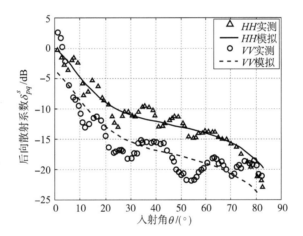

图 1 - 14 芦苇地下后向散射系数与入射角度关系

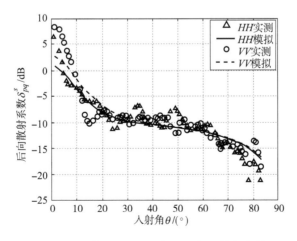

图 1 - 15 玉米地下后向散射系数与入射角度关系

图 1 – 14 和图 1 – 15 中 HH、VV 分别表示水平极化发射接收与垂直极化发射接收。从图中可以看出，同等条件下，水平极化（HH）的后向散射比垂直极化（VV）的后向散射强。同时，裸地和冻土的后向散射比有植被覆盖区域的后向散射要强很多，这是因为植被大多含有很多水分，对电磁波具有较强的吸收衰减作用。

2. 平板目标实例

根据上文的论述，平板目标可以分成两部分讨论：表面的镜面散射特性采用物理光学法（PO）分析，边缘散射采用物理绕射法（PTD）分析。分别得到这两部分的雷达散射截面积（σ），然后进行向量叠加。对于近场，每一个部分又可看作多个满足远场条件的小单元的叠加。即平板的雷达截面积可写为：

$$\sigma_{\text{plate}} = \sigma_f + \sigma_s \tag{1 – 21}$$

式中，σ_f、σ_s 分别为平面和边缘的雷达散射截面积。

首先给出镜面散射部分的雷达截面积的求解过程。在 xOy 平面，有长度为 a、宽度为 b 的长方形平板，$\hat{\theta}$ 是入射波的极化方向，如图 1 – 16 所示。

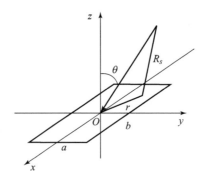

图 1 – 16 长方形平板

单位入射波在平板处的电磁场为：

$$\vec{E}_i = \hat{\theta} \mathrm{e}^{jk(\hat{r}_i \cdot \vec{r})} \tag{1 – 22}$$

$$\vec{H}_i = -\frac{\hat{r}_i}{z_0} \times \vec{E}_i = -\frac{2}{z_0} \hat{\varphi} \mathrm{e}^{jk(\hat{r}_i \cdot \vec{r})} \tag{1 – 23}$$

式中，$\hat{r}_i$ 是入射方向上的单位矢量；z_0 是自由空间波阻抗。

场在平板表面产生的感应电流为：

$$\vec{J} = \frac{2}{z_0} \hat{\varphi} \times \hat{n} \mathrm{e}^{jk(\hat{r}_i \cdot \vec{r})} \tag{1 – 24}$$

转化到直角坐标系，磁矢位为：

$$\vec{A} = \frac{\mu_0}{2\pi z_0} \frac{\mathrm{e}^{jkR_s}}{R_s} \int_{-a/2}^{a/2} \int_{-b/2}^{b/2} \vec{J} \mathrm{e}^{jk(\hat{r}_i \cdot \vec{r})} \mathrm{d}x\mathrm{d}y = \frac{\mu_0}{2\pi z_0} \frac{\mathrm{e}^{jkR_s}}{R_s} \hat{\phi} \times \hat{n} \int_{-a/2}^{a/2} \int_{-b/2}^{b/2} \mathrm{e}^{2jk(\hat{r}_i \cdot \vec{r})} \mathrm{d}x\mathrm{d}y$$

$$\tag{1 – 25}$$

式中，$\vec{r} = x\hat{x} + y\hat{y}$。

对式（1－25）求积分，可得：

$$\vec{A} = \frac{\mu_0}{2\pi z_0} \frac{e^{jkR_s}}{R_s} \hat{\varphi} \times \hat{n} ab \frac{\sin(k\sin\theta\cos\varphi)}{k\sin\theta\cos\varphi} \frac{\sin(k\sin\theta\sin\varphi)}{k\sin\theta\sin\varphi} \qquad (1-26)$$

对于平板上每个小单元，$\hat{\theta}$ 方向极化波的散射场为：

$$\vec{E}_{sf} = -j\omega(\hat{\theta} \cdot \vec{A}) \qquad (1-27)$$

将式（1－22）、式（1－27）代入式（1－10），即可得到每个小单元的 σ_i 幅值：

$$\sqrt{\sigma_i} = -j\omega \frac{\mu_0}{2\pi z_0} \hat{\theta} \cdot (\hat{\varphi} \times \hat{n}) ab \frac{\sin(k\sin\theta\cos\varphi)}{k\sin\theta\cos\varphi} \frac{\sin(k\sin\theta\sin\varphi)}{k\sin\theta\sin\varphi} \qquad (1-28)$$

以上推导需要说明几点：

①此处的 σ_i 是根据雷达截面积定义中入射电场和散射电场之比得到的，上文对于物理光学法的论述是利用磁场之比得出的，两者可以互相转化，本质是一样的。

②式（1－27）是远场的散射场公式，所以只适用于划分的每个满足远场条件的单元，而不是整个平板。所以要将平板采用单元分解法分成若干小单元。

③式（1－28）得到的是每个小单元散射截面的幅值，要得到整个平板雷达截面，则要考虑每个单元的雷达截面相位：

$$\sigma_f = \left| \sum_{i=1}^{m} \sqrt{\sigma_i} \exp(j\varphi_i) \right|^2 \qquad (1-29)$$

平板边缘的雷达截面积采用物理绕射法计算。首先仍根据单元分解法将边缘分成 n 个小边长 l。入射波仍如式（1－13）、式（1－14）所示，假设在每个小边长 l 上入射波没有相位的变化，且入射电磁场在 l 上也没有变化。由于 l 满足远场条件，可以认为入射到 l 上的波为平面波，所以这个假设是成立的。因此围线积分（contour integration）可以化为对 l 的线积分，由此可得散射场：

$$\hat{e}_s \cdot \vec{E}_{sw} = \frac{l}{2\pi} \frac{e^{jkR}}{R} |\vec{E}_i| \frac{(\hat{e}_i \cdot \hat{t})(\hat{e}_s \cdot \hat{t})f + (\hat{h}_i \cdot \hat{t})(\hat{h}_s \cdot \hat{t})g}{\sin^2\beta} \frac{\sin(kl\cos\beta)}{kl\cos\beta} e^{jk\hat{r}_i \cdot \vec{R}_c}$$

$$(1-30)$$

式中，$\vec{E}_{sw}$ 为散射场；$\hat{e}_i$ 和 $\hat{h}_i$ 分别为入射电场和磁场极化方向上的单位矢量；$\hat{e}_s$ 和 $\hat{h}_s$ 为散射电场和磁场极化方向上的单位矢量；$\hat{t}$ 是沿尖劈边缘的单位矢量；$\hat{r}_i$ 为入射波传播方向；f 和 g 是物理绕射系数；$\vec{R}_c$ 为坐标原点到边缘中心点的位置矢量；$\beta = \arccos(\hat{r}_i \cdot \hat{t})$。

对于图 1－16 所示平板，$\hat{e}_i = \hat{\theta}, \hat{h}_i = \hat{\varphi}$，并由公式可推出 $\hat{e}_s = \hat{t} \cdot (\hat{\theta} \cdot \hat{t}), \hat{h}_s = \hat{t} \cdot (\hat{\varphi} \cdot \hat{t})$，可求得 $\hat{e}_s \cdot \vec{E}_{sw}$。由于上式中已有相位项，所以

$$\sigma_s = 4\pi R \frac{\left| \sum_{n=1}^{n} (\hat{e}_s \cdot \vec{E}_{sw})_n \right|^2}{|\vec{E}_i|^2} \qquad (1-31)$$

将 σ_f 和 σ_s 代入，即可得到平板总的雷达散射截面，如图 1－17 所示。图中，θ 为

图 1 – 16 中所示的入射角，平板尺寸为 1 m × 1 m。点线为远场结果，虚线为 2 m 处结果，实线为 1 m 处结果。

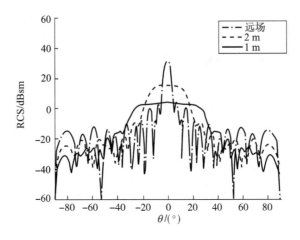

图 1 – 17　平板雷达散射截面

由图 1 – 17 可见，入射波最强（垂直入射 $\theta = 0°$）的角度附近，近场 RCS 较远场 RCS 小，但近场 RCS 在 $\theta = 0°$ 的值变化没有远场情况下剧烈，而是有一定的宽度。距离越近，宽度越大。这是因为近场通常是一个复杂的非均匀场，包括储存能量和辐射能量、驻波与行波等，而离目标越近，静态储存能量越多，但辐射能量越少，所以，在一些角度，近场 RCS 较远场小。

对于导弹、飞机等复杂目标，首先将目标分解为对应不同散射机理的简单几何形状的组合，然后把各个几何形状分成若干小单元，分析每一个小单元的散射特性后，总的散射特性进行矢量加和。

第 2 章 连续波调频无线电引信

连续波调频无线电引信是一种发射信号频率按调制信号规律变化的等幅连续波无线电引信，其基本工作原理如图 2-1 所示。

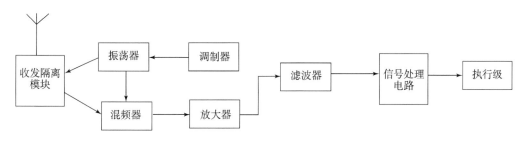

图 2-1 连续波调频引信原理框图

连续波调频无线电引信发射信号的频率是时间的连续函数，无线电信号从发射到遇目标返回的时间内，回波信号频率与进入混频器的发射信号频率不同。两者之间差值的大小与引信到目标之间的距离有关，测定其频率差，可得到引信到目标的距离，这种测距方法称为调频测距。

调频测距方法在连续波雷达和调频高度表等领域广泛应用，对无线电引信来说，由于弹目之间存在高速的相对运动，多普勒效应使目标的回波信号产生多普勒频移，这将影响引信的测距精度，由此，在引信设计中，尽可能降低多普勒频率的影响。同时，由于近场体目标效应，引信接收机混频器输出的差频有相应的散布，在设计引信接收机的通带时，需要考虑这种差频散布。

本章主要考虑线性调频情况，首先分析连续波调频体制的无线电引信工作原理；然后对发射和接收信号及差频信号进行详细的时域及频域分析，得出关于连续波调频引信误差分析的新结论；最后给出连续波调频体制的几种频域与时域信号处理方法。

2.1 连续波调频无线电引信原理

2.1.1 连续波调频引信基本定距原理

首先分析差频定距方程。以三角波线性调频为例，在弹目相对静止情况下，发射信号、回波信号及差频信号的频率特性曲线如图 2 - 2 所示。

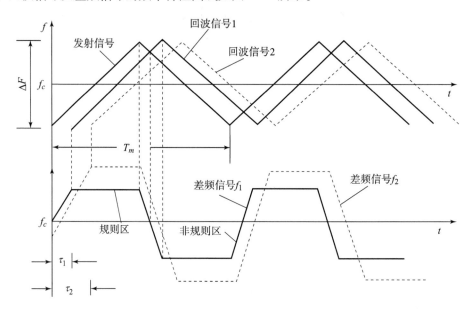

图 2 - 2　在弹目相对静止情况下，调频发射、接收信号及差频信号频率特性曲线

其中，f_c 为载波频率；ΔF 为最大频偏；T_m 为调制信号的周期；τ_1 为回波 1 延迟时间；τ_2 为回波 2 延迟时间。在弹目相对静止时，回波信号与发射信号的差别仅仅是时间延迟 τ，图中 $\tau_1 = 2R_1/c$，为常数，c 是光速。

根据几何关系易得

$$\frac{f_1}{\tau_1} = \frac{2\Delta F_1}{T_m}$$

带入 τ_1 可得

$$f_1 = \frac{4R_1\Delta F_1}{CT_m} \qquad (2 - 1)$$

或者

$$R_1 = \frac{CT_m}{4\Delta F_1}f_1 \qquad (2 - 2)$$

从式（2 - 2）可看出，当调制参数 T_m 和 ΔF 一定时，差频 f_i 与距离 R_i 成正比，只

要测出 f_i 值，就可得到相对应的距离 R_i，即差频与距离一一对应。该式仅适用于图 2 - 2 中的规则区，其余时间段差频与距离不存在一一对应关系。

2.1.2　差频频率与测距连续性的讨论

连续波调频测距引信是利用回波信号与发射信号之间的频率差来确定引信到目标的距离的。传统上，对调频测距引信存在如下认识：

①差频信号频谱是离散的，各频谱分量是调制频率的整数倍。

②由于频谱的离散性，使得测距不连续。由于测距不连续性，差频测距存在固有测距误差，以三角波调制为例，测距误差为 $\Delta R = \dfrac{c}{k\Delta F}$。其中，$\Delta F$ 为调制频偏，k 为常数。

目前，对连续波调频测距方法在引信中的应用，多基于差频信号频谱是离散的且差频频谱分量是调制频率的整数倍这样的理论基础，并由此认为连续波调频测距不连续，存在着与最大调制频偏成反比的测距误差，由此也只有通过加大调制频偏的方式，才能提高距离分辨率。传统连续波调频测距引信采用的谐波定距方法建立在差频频谱离散的基础上，其距离分辨率受最大调制频偏限制。

下面一节在推导差频信号时域和频域特征的基础上，分析离散差频频谱的原因，探讨测距连续性和距离分辨率问题。在此基础上，提出对测距分辨率的新认识，测距误差不再简单受限于最大调制频偏，而更大程度上取决于实际系统的频率分辨能力，为提高调频测距精度提供理论支撑。

2.2　连续波调频时、频域信号分析

调频引信根据差频信号频率中包含的距离信息测距，需要对差频信号的频域特性进行分析，从而得到一个合适的差频信号时域表达式，以方便其频谱分析，所以本节首先推导差频信号的时域表达式。将差频信号近似为周期信号后，利用傅里叶级数展开得到差频信号频谱表达式，并分析其在有相对运动和无相对运动时不同的频谱性质。

2.2.1　三角波调频差频信号时域分析

本小节详细推导三角波调频体制中发射信号、回波信号及差频信号时域表达式，然后说明推导过程中可以简化的部分，并指出其对后续差频频谱表达式推导过程的影响。图 2 - 3、图 2 - 4 分别给出了弹目相对静止和弹目相对运动情况下，调频发射、接收信号及差频信号的频率特征曲线，图中时间原点放置在调制三角波上升段的起点。

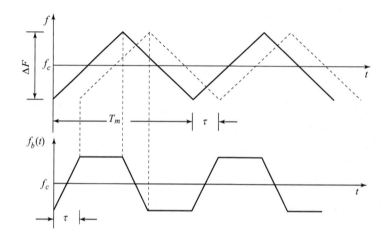

图 2-3 弹目相对静止情况下，调频发射、接收信号及差频信号的频率特性曲线

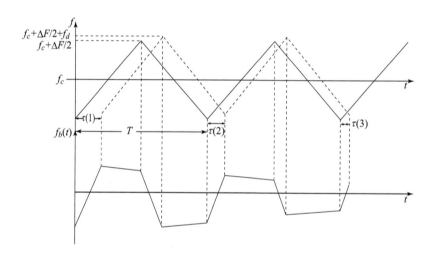

图 2-4 弹目靠近时，调频发射、接收信号及差频信号频率的特性曲线

图中，f_c 为载频；ΔF 为最大频偏；T_m 为调制信号的周期；τ 为回波延迟时间。设 $\beta = 2\Delta F/T_m$。结合图易推导出，三角波调频发射信号的瞬时发射频率如下式：

$$f_1^n(t) = f_c - \Delta F/2 + \beta(t - nT_m), \qquad nT_m \leqslant t \leqslant (n+1/2)T_m$$

$$f_2^n(t) = f_c + 3\Delta F/2 - \beta(t - nT_m), \qquad (n+1/2)T_m \leqslant t \leqslant (n+1)T_m \tag{2-3}$$

由于相角 $\varphi = 2\pi\int_0^t f(t)\,\mathrm{d}t$，则发射信号的瞬时相角为：

在 $nT_m \leqslant t \leqslant (n+1/2)T_m$ 时，

$$\varphi_1^n(t) = 2\pi\left[\sum_{k=1}^n \int_{(k-1)T_m}^{(k-1/2)T_m} f_1^{k-1}(t)\,\mathrm{d}t + \sum_{k=1}^n \int_{(k-1/2)T_m}^{kT_m} f_2^{k-1}(t)\,\mathrm{d}t + \int_{nT_m}^t f_1^n(t)\,\mathrm{d}t\right]$$

$$= 2\pi \left[nT_m \Delta F - \frac{n}{4} \beta T_m^2 + \frac{1}{2} \beta n^2 T_m^2 + (f_c - \Delta F/2 - \beta n T_m)t + \frac{1}{2} \beta t^2 \right]$$

$$(2-4)$$

又因为 $\beta = 2\Delta F/T_m \Rightarrow \Delta F = \beta T_m/2$，将其代入上式，有

$$\varphi_1^n(t) = 2\pi \left[\frac{n(2n+1)\beta T_m^2}{4} + (f_c - \Delta F/2 - \beta n T_m)t + \frac{1}{2} \beta t^2 \right] \qquad (2-5)$$

在 $(n+1/2)T_m \leqslant t \leqslant (n+1)T_m$ 时，

$$\varphi_2^n(t) = 2\pi \left[\sum_{k=1}^{n+1} \int_{(k-1)T_m}^{(k-1/2)T_m} f_1^{k-1}(t)\,dt + \sum_{k=1}^{n} \int_{(k-1/2)T_m}^{kT_m} f_2^{k-1}(t)\,dt + \int_{(n+1/2)T_m}^{t} f_2^n(t)\,dt \right]$$

$$= 2\pi \left[-\frac{(n+1)(2n+1)\beta T_m^2}{4} + (f_c + 3\Delta F/2 + \beta n T_m)t - \frac{1}{2} \beta t^2 \right] \qquad (2-6)$$

则三角波调频发射信号的时域表达式为：

$$s_t(t) = \begin{cases} U_t \cos\left\{ 2\pi \left[\frac{n(2n+1)\beta T_m^2}{4} + (f_c - \Delta F/2 - \beta n T_m)t + \frac{1}{2} \beta t^2 \right] \right\}, \\ \qquad\qquad nT_m \leqslant t \leqslant (n+1/2)T_m \\ U_t \cos\left\{ 2\pi \left[-\frac{(n+1)(2n+1)\beta T_m^2}{4} + (f_c + 3\Delta F/2 + \beta n T_m)t - \frac{1}{2} \beta t^2 \right] \right\}, \\ \qquad\qquad (n+1/2)T_m \leqslant t \leqslant (n+1)T_m \end{cases}$$

$$(2-7)$$

式中，U_t 是发射信号的幅度。

回波信号与发射信号相比，存在时间延迟 τ。弹目相对静止时，$\tau = 2R/c$，为常数，c 是光速；弹目相对运动时，$\tau(t) = 2R_0/c - 2v_r t/c$，$R_0$ 为弹目初始距离，v_r 为弹目相对运动速度，定义弹目靠近时 v_r 为正，弹目远离时 v_r 为负。所以，回波信号可以表示为：

$$s_r(t) = \begin{cases} U_r \cos\left\{ 2\pi \left[\frac{n(2n+1)\beta T_m^2}{4} + (f_c - \Delta F/2 - \beta n T_m)(t - \tau(t)) + \right. \right. \\ \qquad \left. \left. \frac{1}{2} \beta(t - \tau(t))^2 \right] \right\}, \quad nT_m \leqslant t \leqslant (n+1/2)T_m \\ U_r \cos\left\{ 2\pi \left[-\frac{(n+1)(2n+1)\beta T_m^2}{4} + (f_c + 3\Delta F/2 + \beta n T_m)(t - \tau(t)) - \right. \right. \\ \qquad \left. \left. \frac{1}{2} \beta(t - \tau(t))^2 \right] \right\}, \quad (n+1/2)T_m \leqslant t \leqslant (n+1)T_m \end{cases}$$

$$(2-8)$$

式中，U_r 是回波信号的幅度。当弹目相对运动时，调频发射、接收信号及差频信号频率如图 2-4 所示。随着弹目靠近，弹目间距离逐渐变小，延时 $\tau(t)$ 也逐渐变小。

$s_t(t)$ 和 $s_r(t)$ 混频，得到差频信号 $s_b(t)$，其在各个区间的相位表达式为：

①在 $nT_m \leq t \leq \tau(t) + nT_m$，（$0 \leq n$）区间，$s_b(t)$ 相位为：

$$\varphi_1^n(t) - \varphi_2^{n-1}(t - \tau(t)) = 2\pi\left[n^2\beta T_m^2 - 2\beta nT_m t + (f_c - \Delta F/2 + \beta nT_m)\tau(t) + \frac{1}{2}\beta t^2 + \frac{1}{2}\beta(t - \tau(t))^2\right]$$

②在 $\tau(t) + nT_m \leq t \leq T_m/2 + nT_m$，（$0 \leq n$）区间，$s_b(t)$ 相位为：

$$\varphi_1^n(t) - \varphi_1^n(t - \tau(t)) = 2\pi\left[(f_c - \Delta F/2)\tau(t) + \beta\tau(t)(t - nT_m) - \frac{1}{2}\beta\tau(t)^2\right]$$

③在 $T_m/2 + nT_m \leq t \leq T_m/2 + \tau(t) + nT_m$，（$0 \leq n$）区间，$s_b(t)$ 相位为：

$$\varphi_2^n(t) - \varphi_1^n(t - \tau(t)) = 2\pi\left[-\frac{1}{4}(2n+1)2\beta T_m^2 + (2n+1)\beta T_m t + (f_c - \Delta F/2 - \beta nT_m)\tau(t) - \frac{1}{2}\beta t^2 - \frac{1}{2}\beta(t - \tau(t))^2\right]$$

④在 $T_m/2 + \tau(t) + nT_m \leq t \leq T_m + nT_m$，（$0 \leq n$）区间，$s_b(t)$ 相位为：

$$\varphi_2^n(t) - \varphi_2^n(t - \tau(t)) = 2\pi\left[(f_c + 3\Delta F/2)\tau(t) - \beta\tau(t)(t - nT_m) + \frac{1}{2}\beta\tau(t)^2\right]$$

则差频信号时域表达式为：

$$s_b(t) = \begin{cases} U_b\cos\left\{2\pi\left[n^2\beta T_m^2 - 2\beta nT_m t + (f_c - \Delta F/2 + \beta nT_m)\times\tau(t) + \frac{1}{2}\beta t^2 + \frac{1}{2}\beta(t - \tau(t))^2\right]\right\}, \quad ①nT_m \leq t \leq \tau(t) + nT_m \\[2em] U_b\cos\left\{2\pi\left[(f_c - \Delta F/2)\tau(t) + \beta\tau(t)(t - nT_m) - \frac{1}{2}\beta\tau(t)^2\right]\right\}, \\ \qquad ②\tau(t) + nT_m \leq t \leq T_m/2 + nT_m \\[2em] U_b\cos\left\{2\pi\left[-\frac{1}{4}(2n+1)2\beta T_m^2 + (2n+1)\beta T_m t + (f_c - \Delta F/2 - \beta nT_m)\tau(t) - \frac{1}{2}\beta t^2 - \frac{1}{2}\beta(t - \tau(t))^2\right]\right\}, \quad ③T_m/2 + nT_m \leq t \leq T_m/2 + \tau(t) + nT_m \\[2em] U_b\cos\left\{2\pi\left[(f_c + 3\Delta F/2)\tau(t) - \beta\tau(t)(t - nT_m) + \frac{1}{2}\beta\tau(t)^2\right]\right\}, \\ \qquad ④T_m/2 + \tau(t) + nT_m \leq t \leq T_m + nT_m \end{cases}$$

式中，U_b 是差频信号的幅度。

其中① $nT_m \leq t \leq \tau(t) + nT_m$ 和③ $T_m/2 + nT_m \leq t \leq T_m/2 + \tau(t) + nT_m$ 两个区间

的持续时间都只有 $\tau(t)$。因为引信一般作用距离在几十米以内，$\tau(t)$ 一般只有几十到几百纳秒的量级，而调制周期 T_m 一般在十微秒的量级，所以差频信号分布在这两个区域的信号能量很小，对差频信号频谱分布的影响可以忽略不计，由此差频信号时域表达式可简化为：

$$s_b(t) = \begin{cases} U_t \cos\left\{ 2\pi \left[(f_c - \Delta F/2)\tau(t) + \beta(t - nT_m)\tau(t) - \dfrac{1}{2}\beta\tau(t)^2 \right] \right\}, \\ \qquad nT_m \leqslant t \leqslant T_m/2 + nT_m \\ U_t \cos\left\{ 2\pi \left[(f_c + 3\Delta F/2)\tau(t) - \beta(t - nT_m)\tau(t) + \dfrac{1}{2}\beta\tau(t)^2 \right] \right\}, \\ \qquad T_m/2 + nT_m \leqslant t \leqslant T_m + nT_m \end{cases}$$

$$(2-9)$$

通过对式（2-9）中差频信号的相位对 t 求导，可以得到差频频率表达式。弹目相对运动时，$\tau(t) = 2R_0/c - 2v_r t/c$，则有：

$$f_b = \begin{cases} \beta\tau(t) - \dfrac{2v_r}{c}\left[(f_c - \Delta F/2) + \beta(t - nT_m) - \beta\dfrac{2R_0}{c} + \beta\dfrac{2v_r}{c}t \right], \\ \qquad nT_m \leqslant t \leqslant (n+1/2)T_m \\ -\beta\tau(t) + \dfrac{2v_r}{c}\left[-(f_c + 3\Delta F/2) + \beta(t - nT_m) - \beta\dfrac{2R_0}{c} + \beta\dfrac{2v_r}{c}t \right], \\ \qquad T_m/2 + nT_m \leqslant t \leqslant T_m + nT_m \end{cases}$$

式中，$-\dfrac{2v_r}{c}\left[(f_c - \Delta F/2) + \beta(t - nT_m) - \beta\dfrac{2R_0}{c} + \beta\dfrac{2v_r}{c}t \right]$ 和 $\dfrac{2v_r}{c}\Big[-(f_c + 3\Delta F/2) + \beta(t - nT_m) - \beta\dfrac{2R_0}{c} + \beta\dfrac{2v_r}{c}t \Big]$ 是多普勒频率 f_d，由于 ΔF、$\beta(t - nT_m)$、$\beta\dfrac{2R_0}{c}$ 和 $\beta\dfrac{2v_r}{c}$ 这些项比 f_c 至少小两个数量级，所以 $f_d \approx \dfrac{2v_r}{c}f_c$，则差频信号频率为：

$$f_b \approx \begin{cases} \beta\tau(t) - f_d, & nT_m \leqslant t \leqslant (n+1/2)T_m \\ -\beta\tau(t) - f_d, & T_m/2 + nT_m \leqslant t \leqslant T_m + nT_m \end{cases} \qquad (2-10)$$

式中，$\tau(t) = 2R(t)/c = 2R_0/c - 2v_r t/c$，则弹目距离 $R(t)$ 与 $nT_m \leqslant t \leqslant (n+1/2)T_m$ 和 $T_m/2 + nT_m \leqslant t \leqslant T_m + nT_m$ 这两个区间内的差频频率 $f_b(t)$ 有简单的线性关系：

$$R(t) = \frac{c}{2\beta}(f_b \pm f_d) = \frac{cT_m}{4\Delta F}(f_b \pm f_d) \qquad (2-11)$$

式（2-11）是调频测距公式，式（2-10）中的两个区间被称为"规则区"，调频测距信号处理即是尽量准确估计出这两个区间内的差频信号频率。而另两个在上文中被忽略的区间① $nT_m \leqslant t \leqslant \tau(t) + nT_m$ 和③ $T_m/2 + nT_m \leqslant t \leqslant T_m/2 + \tau(t) + nT_m$ 中，由于差频信号瞬时频率主要是由调制波形转折点产生的，其与弹目距离之间没有简单的对应关系，不能用来测距，这两个区间被称为"不规则区"。

弹目相对静止时，式（2-10）和式（2-11）退化为：

$$f_b = \begin{cases} \beta\tau, & nT_m \leqslant t \leqslant (n+1/2)T_m \\ -\beta\tau, & T_m/2 + nT_m \leqslant t \leqslant T_m + nT_m \end{cases} \tag{2-12}$$

$$R(t) = \frac{c}{2\beta}f_b = \frac{cT_m}{4\Delta F}f_b \tag{2-13}$$

由于发射信号的初始相位推导相对复杂，当对发射信号的初始相位定义一个变量符号时，式（2-7）简化为：

$$s_t(t) = \begin{cases} U_t\cos\left\{2\pi\left[(f_c - \Delta F/2)t + \frac{1}{2}\beta t^2 + \varphi_{01}\right]\right\}, & nT_m \leqslant t \leqslant (n+1/2)T_m \\ U_t\cos\left\{2\pi\left[(f_c + 3\Delta F/2)t - \frac{1}{2}\beta t^2 + \varphi_{02}\right]\right\}, & (n+1/2)T_m \leqslant t \leqslant (n+1)T_m \end{cases} \tag{2-14}$$

式中，φ_{01} 和 φ_{02} 为初始相位。也可写为：

$$s_t(t) = \begin{cases} U_t\cos\left\{2\pi\left[(f_c - \Delta F/2)(t - nT_m) + \frac{1}{2}\beta(t - nT_m)^2 + \varphi_{01}\right]\right\}, \\ \qquad nT_m \leqslant t \leqslant (n+1/2)T_m \\ U_t\cos\left\{2\pi\left[(f_c + 3\Delta F/2)(t - nT_m) - \frac{1}{2}\beta(t - nT_m)^2 + \varphi_{02}\right]\right\}, \\ \qquad (n+1/2)T_m \leqslant t \leqslant (n+1)T_m \end{cases} \tag{2-15}$$

二者区别仅是 φ_{01} 和 φ_{02} 的值不同。

另外，当发射、回波和差频信号频率特性曲线中时间原点放置在调制三角波上升段的中点时，如图2-5所示，则式（2-3）和式（2-9）改写为：

$$\begin{aligned} f_1^n(t) &= f_c + \beta(t - nT_m), & -1/4T_m + nT_m \leqslant t \leqslant (n+1/4)T_m \\ f_2^n(t) &= f_c + \Delta F - \beta(t - nT_m), & (n+1/4)T_m \leqslant t \leqslant (n+3/4)T_m \end{aligned} \tag{2-16}$$

$$s_t(t) = \begin{cases} U_t\cos\left\{2\pi\left[f_c\tau(t) + \beta(t - nT_m)\tau(t) - \frac{1}{2}\beta\tau(t)^2\right]\right\}, \\ \qquad -1/4T_m + nT_m \leqslant t \leqslant (n+1/4)T \\ U_t\cos\left\{2\pi\left[(f_c + \Delta F)\tau(t) - \beta(t - nT_m)\tau(t) + \frac{1}{2}\beta\tau(t)^2\right]\right\}, \\ \qquad (n+1/4)T_m \leqslant t \leqslant (n+3/4)T_m \end{cases} \tag{2-17}$$

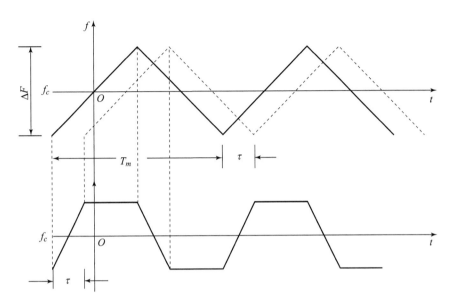

图 2 - 5　弹目相对静止情况下，调频发射、接收信号及差频信号频率特性曲线

2.2.2　三角波调频差频信号频域分析

将式（2 - 9）中差频信号前半周期做傅里叶变换，并令：

$$(f_c - \Delta F/2)\tau - \frac{1}{2}\beta\tau^2 = a$$

且

$$\beta\tau = b$$

则差频信号傅里叶变换可表示为：

$$F_b(\omega) = \int_{-\infty}^{\infty} \cos[2\pi(a + bt_n)]e^{-j\omega t}dt, 0 \leqslant t_n \leqslant \frac{T}{2} \tag{2 - 18}$$

由于差频信号的周期性，$F_b(\omega)$ 可写为：

$$F_b(\omega) = F_{bT}(\omega)\frac{2\pi}{T}\sum_{-\infty}^{\infty}\delta\left(\omega - \frac{2\pi n}{T}\right) \tag{2 - 19}$$

式中，

$$F_{bT}(\omega) = \int_{\tau}^{T/2} \cos[2\pi(a + bt)]e^{-j\omega t}dt$$

$$= \frac{1}{2}\exp\left\{j\left[2\pi a + (2\pi b - \omega)\left(\frac{T}{2} + \tau\right)\right]\right\}\frac{\sin\left[(2\pi b - \omega)\left(\frac{T}{4} - \frac{\tau}{2}\right)\right]}{2\pi b - \omega} +$$

$$\frac{1}{2}\exp\left\{-j\left[2\pi a + (2\pi b + \omega)\left(\frac{T}{2} + \tau\right)\right]\right\}\frac{\sin\left[(2\pi b + \omega)\left(\frac{T}{4} - \frac{\tau}{2}\right)\right]}{2\pi b + \omega}$$

$$\tag{2 - 20}$$

令
$$2\pi/T = \Omega$$

则

$$F_b(\omega) = F_{bT}(\omega) \frac{2\pi}{T} \sum_{-\infty}^{\infty} \delta(\omega - n\Omega)$$

$$= \sum_{-\infty}^{\infty} \left(\frac{1}{2} \exp\left\{ j\left[2\pi a + (2\pi b - n\Omega)\left(\frac{T}{2} + \tau \right) \right] \right\} \frac{\sin\left[(2\pi b - n\Omega)\left(\frac{T}{4} - \frac{\tau}{2} \right) \right]}{2\pi b - n\Omega} + \right.$$

$$\left. \frac{1}{2} \exp\left\{ -j\left[2\pi a + (2\pi b + n\Omega)\left(\frac{T}{2} + \tau \right) \right] \right\} \frac{\sin\left[(2\pi b + n\Omega)\left(\frac{T}{4} - \frac{\tau}{2} \right) \right]}{2\pi b + n\Omega} \right) \delta(\omega - n\Omega)$$

$$(2-21)$$

由式（2-21）可见，周期性的差频信号经过傅里叶变换后，其频谱以 Ω 采样离散化，并且每个离散值处是 $\delta(\omega - n\Omega)$ 函数。差频信号后半调制周期的频谱的幅频特性和前半调制周期的相同，但二者的相频特性不一定相同，也就是在半调制周期处，可能会出现相位跳变。

图 2-6 给出了调制频偏 $\Delta F = 50$ MHz，调制周期 $T_m = 10$ μs，中心频率 3 GHz，目标静止时，不同目标距离下差频信号的归一化功率谱。从图中可以看出，差频信号功率谱离散在整数次谐波上，并具备距离越近，差频信号频谱越小的趋势。需要注意的是，此时差频信号的功率谱不是单一谱线，离散谱线分布在各次谐波对应的位置。如果目标速度不等于零，则在差频信号功率谱中存在多普勒频率。同时，由于三角波正负调制的特点，因此此多普勒频率将会在对应谐波的两边都存在。

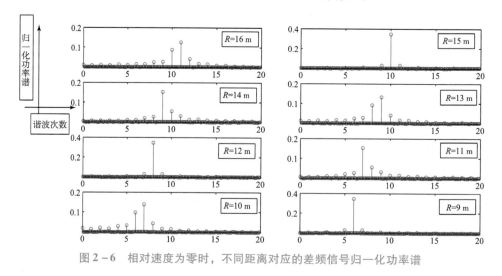

图 2-6　相对速度为零时，不同距离对应的差频信号归一化功率谱

图 2-7 为目标距离 16 m 时，相对速度 500 m/s 时的差频信号归一化功率谱。

图 2-8 给出了相对速度 500 m/s，目标距离从 20 m 到 10 m，$\Delta F = 50$ MHz，调制周期 $T_m = 10$ μs 时，差频信号的时频特征图。该时频图采用短时傅里叶变换获得，傅里叶变换的窗长度为 1 024 点，系统采样率为 10 MHz，短时傅里叶变换窗函数滑动距离为 512 点。从图中可以看出，差频信号频谱的主要能量集中于调制频率的谐波附近。随着目标距离的推近，差频信号频谱的主要能量向低次谐波靠近。

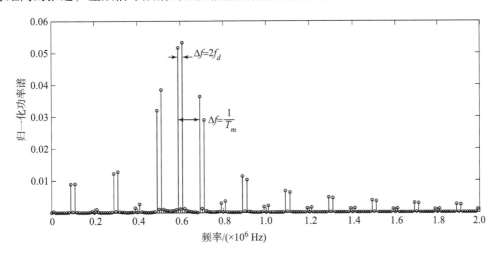

图 2-7　相对速度 500 m/s，$R = 16$ m 时对应的差频信号归一化功率谱

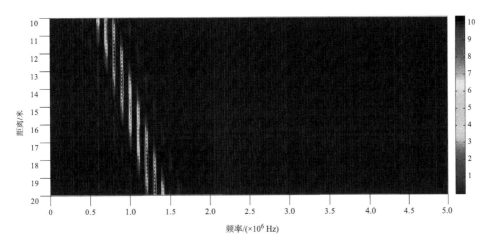

图 2-8　弹目接近过程中差频信号时频特征图

2.2.3　关于调频连续波引信固有误差的说明

根据对差频信号的傅里叶分析可知，差频频谱是离散的，只存在频率为调制频率整数倍的调制分量，此离散性会引起与距离无关的误差，常称这种误差为固定误差。

远距离定距时，固定误差相对值一般较小，可以忽略。但随着距离的减小，固定误差的相对值可能达到百分之几十，而在近炸引信条件下，测量距离的离散性就变得可以与弹目相互作用距离本身比拟了。这样就有可能在给定距离内无法测定而漏过目标。以三角波调频为例，调频固定误差为：

$$\Delta R = \frac{c}{4\Delta F} \qquad (2-22)$$

由此得出传统上连续波调频测距存在固有误差，测距精度与调制频偏成反比，为提高定距精度，只能提高调制频偏的结论。

表 2-1 为根据原固有误差公式得出的固有定距误差与调制频偏的关系。如果调制频偏为 50 MHz，则距离误差约为 1.5 m。

表 2-1　固有定距误差与调制频偏的关系

$\Delta F/MHz$	3	6	12	24	48	96
$\Delta R/m$	25	12.5	6.25	3.13	1.56	0.78

根据本节对差频信号时频域分析可知，造成固有误差的原因是时域内将差频信号近似为周期信号，从而频域内出现离散在整数次谐波上的频谱。此处我们希望能够打破固有误差的束缚，使调频测距误差不受限于调制频偏。

在此重新定义定距误差：

$$\Delta R = R_1 - R_2 = \frac{cT}{4\Delta F}(f_{i1} - f_{i2}) \qquad (2-23)$$

如果能对差频信号进行相应处理，减少离散差频点间隔，使其差频频率不再出现在固定整数谐波点上，此时代入距离公式（2-2）计算距离误差时，系统能获得的差频 $f_{i1} - f_{i2}$ 不再等于整数倍调制频率，如式（2-23）所示，由此，$f_{i1} - f_{i2}$ 一项不能与调制周期 T（调制频率的倒数）消去，调制频偏 ΔF 不再对误差起决定作用。而 $f_{i1} - f_{i2}$ 表示系统对频率的分辨能力，对于连续波调频测距系统，其是决定距离误差的关键因素。

2.3　调频连续波引信频域测距方法

本节首先介绍调频引信中常用的谐波定距法原理，并进一步讨论传统调频引信中固有误差受限于调制频偏的原因；然后分析补零 FFT 法在不增加调制频偏的条件下减小测距固有误差的原因，并给出其在不同信噪比下的性能；之后提出"复制和连续相位拼接法"，同样在不增加调制频偏的条件下减小测距固有误差，由于这种方法得到的频谱能量更集中，相比于补零 FFT 法，在更低信噪比情况下测距性能更好；最后比较以上三种方法的计算量。

2.3.1　谐波定距法

1. 谐波定距法原理

根据 2.2 节中三角波差频信号频域分析，弹目相对运动时差频信号频谱能量集中在 $kf_m \pm f_d$ 这些频点，近似为线谱。这些线谱的幅值随距离的变化曲线近似为 sinc 函数，在 $kf_m \pm f_d$ 处谱线幅度达到最大值。谐波定距法就是根据 $kf_m \pm f_d$ 处谱线幅度达到最大值，来确定此时弹目距离满足 $\beta\tau = kf_m$ 的，即弹目距离为：

$$R = kf_m c/(2\beta) \tag{2-24}$$

谐波测距方法不需要实际测量差频频率，只需要测定预定的炸高或脱靶量，所以只要设计 ΔF、T_m 这些参数，使弹目距离达到预定的炸高或脱靶量时，$Kf_m \pm f_d$（K 为一定值）处谱线幅度达到最大值即可。具体做法是，设计一带通滤波器，滤出频率为 $Kf_m \pm f_d$ 的信号，本振频率设为 Kf_m，与滤波器输出的频率为 $Kf_m \pm f_d$ 的信号混频，得到多普勒信号，其幅度变化与 $Kf_m \pm f_d$ 处谱线幅度变化规律一致，其幅度达到最大值时，即弹目距离达到预定的炸高或脱靶量。谐波定距系统的原理框图如图 2-9 所示。

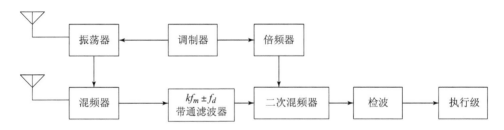

图 2-9　谐波定距系统的原理框图

2. 谐波定距法误差分析

因为差频信号频谱能量集中在离散频点 $kf_m \pm f_d$，相邻的 $kf_m \pm f_d$ 谱线间对应的距离差是谐波定距的定距误差，一般将其称为谐波定距的固有误差 ΔR。令 $kf_m \pm f_d$ 和 $(k+1)f_m \pm f_d$ 所对应的距离分别为 R_1 和 R_2，据式（2-24），有：

$$\Delta R = R_1 - R_2 = f_m c/(2\beta) = \frac{c}{4\Delta F} \tag{2-25}$$

同式（2-22），ΔR 和 ΔF 呈反比，谐波定距法要减小固有误差，必须增大调制频偏。由于引信受体积和成本限制，ΔF 无法做到很大，由此存在一定程度的固有误差，固有误差是传统谐波测距法的一个缺点。

3. 谐波定距法性能仿真

分析谐波定距法在不同信噪比下的性能，在 $\Delta F = 52$ MHz，$f_m = 100$ kHz，$f_c = 3$ GHz 的条件下，$\Delta R = 1.442\ 3$ m。选定 $k = 7$，即 $R = 10.096\ 2$ m 作为预定炸高，假定最大弹目相对速度 $v_{r\max} = 1\ 000$ m/s。输入差频信号根据式（2-9）计算得到，加入高斯白

噪声，信噪比（SNR）取 5 dB、0 dB、−5 dB 和 −10 dB，结果如图 2−10 和图 2−11 所示。从中可见，直到 SNR = −5 dB，在谐波定距检波后，在波形中选取适当的门限，依然可以使定距误差维持在固有误差，由此可见，谐波测距方法的一个优点是受信噪比的影响较小。

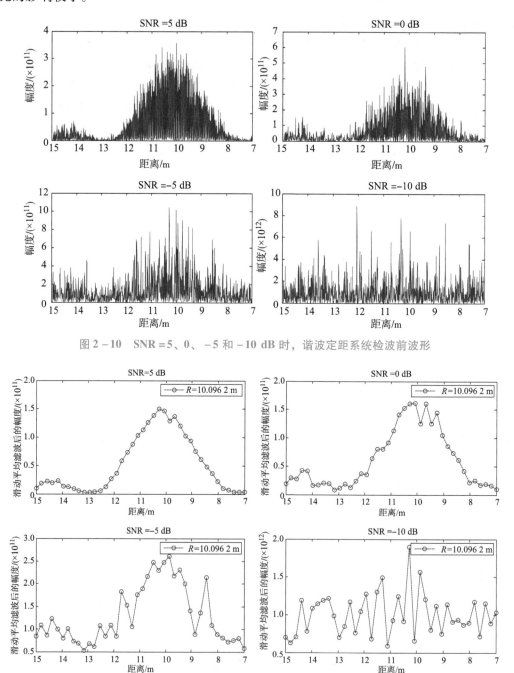

图 2−10　SNR = 5、0、−5 和 −10 dB 时，谐波定距系统检波前波形

图 2−11　SNR = 5、0、−5 和 −10 dB 时，谐波定距系统检波后波形

为了提高抗干扰性能，还可以采用"双谐波定距法"，即选择差频信号频谱中的 $K_1 f_m \pm f_d$ 和 $K_2 f_m \pm f_d$ 这两对谱线，其中 K_1 这对谱线的最大值对应的距离即是预定的弹目距离，此为信号通道；K_2 这对谱线的最大值对应的距离大于预定的弹目距离，此为抗干扰通道。当弹目距离较远时，抗干扰通道幅值大，当达到或小于弹目距离时，信号通道幅值大于抗干扰通道幅值，则给出起爆信号。因为双通道噪声功率相同，则采用双通道频谱比值定距相当于进行了噪声抵消。

2.3.2　补零傅里叶变换（FFT）法

1. 补零 FFT 法原理

补零 FFT 法即采用傅里叶变换方法直接得到差频频率，从而对应得到距离。傅里叶变换基本原理不再赘述，只讨论算法在调频测距中的应用和性能。

首先，讨论 FFT 的加窗宽度。截取差频信号长度分别为 10 个 T_m、5 个 T_m、1 个 T_m、1/2 个 T_m 的示意图如图 2 – 12 所示；差频频谱如图 2 – 13 所示，分别对应图 2 – 12 中 4 个 FFT 窗宽度。

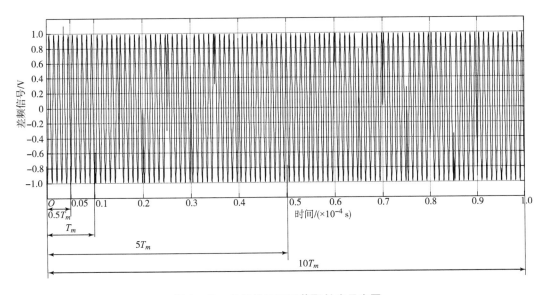

图 2 – 12　差频信号不同截取长度示意图

频谱采用补零 FFT 方法获得，FFT 补零长度均为 2 048 点，仿真设置条件如下：$\Delta F = 52$ MHz，$f_m = 100$ kHz，$f_c = 3$ GHz，$v_r = 500$ m/s，采样频率 $F_s = 10$ MHz。从图 2 – 12 中可以看出，如果截取做 FFT 变化的信号窗长 T 较长（如 $T = 10 T_m$），截取信号被周期性出现的相位突变调制，差频信号近似为周期信号，即有周期性出现的不规则区。此时差频信号频谱离散于调制周期 f_m 的整数倍频点附近。根据差频信号频谱获取目标距离信息的精度为两个谱线之间对应的距离，即 $\Delta R = C/(4\Delta F)$。如果截取信号的窗长

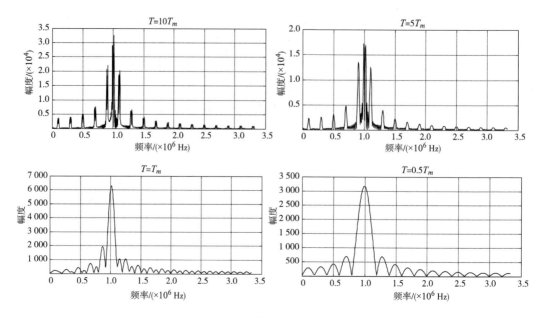

图 2-13　不同截取长度差频信号频谱

度减小到只有半个调制周期，即 $T=0.5T_m$，则截取差频信号中不存在相位突变，此时该段差频信号 FFT 变化后得到的频谱中只有一个峰值，频谱并没有离散化。因此，如果将截取信号的窗长度控制在半个调制周期内，采用补零快速傅里叶变化法来提取目标距离信息时，频谱峰值点对应的距离为目标的真实距离，测距精度不再是 $\Delta R=C/(4\Delta F)$。但是，当截取信号的长度为半个调制周期（$T=0.5T_m$）时，窗宽度太窄，使得取样点太少，FFT 的栅栏效应十分严重，导致定距误差变大。所以，为了改善栅栏效应，对所取的一个规则区内的信号补零，使 FFT 频点尽量接近频谱的最大值点 $\beta\tau(t)-f_d$ 和 $\beta\tau(t)+f_d$，从而减小对应距离的误差。

　　同时，由于多普勒频谱的存在，当截取信号对应调制信号上升段时，测得的差频信号主瓣峰值位置与目标静止时的主瓣峰值位置相比，偏小多普勒频率 f_d；当截取信号对应调制信号下降段时，测得的主瓣峰值位置将会增大 f_d。因此，在实际应用中常常采用上升段频谱与下降段频谱相加来对消多普勒影响。

　　由此，快速傅里叶变化法测距的实现步骤如下：

　　①根据调制信号，选取窗长 $T_m/2$，分别对应前半调制周期和后半调制周期的差频信号。

　　②对截取后长度为 $T_m/2$ 的差频信号分别做补零快速傅里叶变换（FFT），并将前半调制周期和后半调制周期所获信号经过 FFT 运算后得到的频谱相加。

　　③选取相加后的频谱主瓣峰值处对应的频率作为此时规则区的差频频率 f。

　　④再根据式 $R(t)=\dfrac{C}{2\beta}f=\dfrac{CT_m}{4\Delta F}f$ 计算目标距离，得到目标的距离值。

2. 补零 FFT 法误差分析

采用补零 FFT 法，固有误差为：

$$\Delta R = \frac{cT_m}{4\Delta F}\Delta f = \frac{cT_m}{4\Delta F}\frac{F_s}{N} = \frac{cT_m}{4\Delta F}\frac{F_s}{MT_mF_s} = \frac{c}{(4\Delta F)M} \tag{2-26}$$

式中，MT_m 是截取的窗长。从式中可见，补零 FFT 法理论上的距离固有误差可以缩小为谐波定距法的 $1/M$。究其原因，在于两点：一是只截取规则区内的差频信号，这样消除了周期出现的不规则区，FFT 得到的频谱不再离散在 $kf_m \pm f_d$ 这些频点，而是最高点在 $\beta\tau(t) - f_d$ 或 $\beta\tau(t) + f_d$ 的 sinc 曲线；二是补零减弱了 FFT 栅栏效应的影响。

此方法存在的问题是频谱以 $\beta\tau(t) - f_d$ 或 $\beta\tau(t) + f_d$ 为最高点的主瓣宽度太大，3 dB 主瓣宽度为 $2/T_m$，最高点相邻的 FFT 频点间幅度相差不大，在低信噪比的条件下，可能导致 $\beta\tau(t) - f_d$ 或 $\beta\tau(t) + f_d$ 最大值判断不准确，从而产生误差。

3. 补零 FFT 法性能仿真

下面在不同信噪比条件下仿真补零 FFT 法的测距性能。

在 $\Delta F = 52$ MHz，$f_m = 100$ kHz，$f_c = 3$ GHz，$v_r = 1\,000$ m/s，采样频率 $F_s = 10$ MHz 的条件下，输入差频信号，距离 $R \in [15\,\text{m}, 7\,\text{m}]$，FFT 点数 1 024 点，相当于式（2-26）中 $M \approx 10$。仿真补零 FFT 法在不同信噪比下的测距误差如图 2-14 所示。

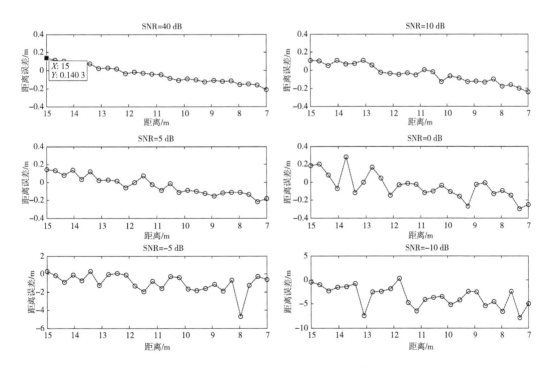

图 2-14　SNR = 40、10、5、0、-5、-10 dB 时，补零 FFT 法测距误差

由图 2−14、图 2−15 可知，当差频信号 SNR ＞ 0 dB 时，补零 FFT 法测距误差在 ［−0.3 m，0.2 m］ 范围内，均方根误差小于 0.2 m，明显优于谐波定距法，尤其是在高信噪比条件下测距性能很好，并且可以测量多个距离。SNR ＝ 40 dB 时，测距最大误差为 0.14 m，和式（2−26）计算出的理论值 0.15 m 相当。而在上述条件下，谐波定距法固有误差为 $\Delta R = 1.5$ m。

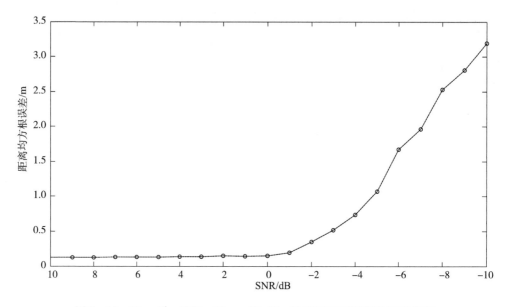

图 2−15　10 m 时，SNR ＝ 10 ～ −10 dB，补零 FFT 法测距均方根误差

2.3.3　复制和连续相位拼接法（DCPS）

1. 复制和连续相位拼接法原理

由上节可知，系统能获取的频谱越接近理想值（频谱为 sinc 曲线，主瓣很窄，主瓣最高点在 $\beta\tau(t) - f_d$ 或 $\beta\tau(t) + f_d$），越可以准确测距。如果将截取的规则区内的小于半个调制周期的差频信号延长，使得无相位突变产生，则主瓣能量很集中，在低信噪比条件下也可以准确测距。为了做到这一点，可以将上述直接拼接的各段信号交接处的相位突变平滑掉。下面介绍这种相位突变平滑方法。

取 M 个调制周期规则区，每个调制周期规则区内采用 N 点并拼接起来，信号的长度就增加了。但需要保证每个规则区内的采样长度是整数倍的差频信号周期，这个拼接过程即为相位平滑过程，否则，直接将规则区内差频信号拼接仍会出现相位突变。

图 2−16 显示直接将规则区内的差频信号拼接起来的有周期相位突变的信号 FFT 的频谱，和经过上述相位平滑后拼接的差频信号 FFT 的频谱之间的比较。

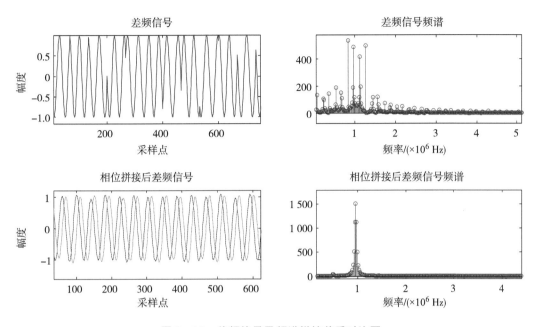

图 2 - 16　差频信号及频谱拼接前后对比图

如将图 2 - 16 的相位突变点平滑掉，就能得到近似单频信号（不考虑多普勒效应的影响），由此求差频频率将变得更准确。由此，将相位突变处的两点相位平滑补偿。

复信号比实信号更容易相位平滑处理。复信号的频谱相比于它的实信号，只有正频，并且频点位置一样，幅值是实信号的两倍。先将差频信号变为对应复信号，然后利用复信号进行相位突变处的相位补偿。最后由复信号经快速傅里叶变换（FFT）求取差频频率值。具体实施方法如下：

①取一段数/模变换后的规则区内的差频信号，将其变为复信号。目前有多种方法，例如，在射频电路部分采用正交混频获得复信号，或是在模拟数字转换器（ADC）采样差频信号后，利用希尔伯特变换获得复信号，即

$$Z(t) = s(t) + \mathrm{j}\hat{s}(t) = A(t)\mathrm{e}^{-\mathrm{j}\phi(t)} \qquad (2-27)$$

式中，幅值 $A(t) = \sqrt{s^2(t) + \hat{s}^2(t)}$；相位 $\phi(t) = \arctan\dfrac{\hat{s}(t)}{s(t)}$。

可由原差频信号 $f_t[n]$ 与它的希尔伯特变换 $\hat{f}_t[n]$ 组成复信号 S，如图 2 - 17 所示。由于希尔伯特变换会产生附加相移，原信号要加一个延迟单元才能与经希尔伯特变换后的信号组成复信号。

②取规则区内的差频复信号。规则区内的差频复信号取样可通过下述两种方法实现。

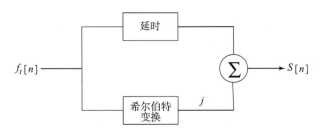

图 2 - 17　重构复解析信号

方法 1：取步骤①中得到的差频复信号中规则区内的部分，其点数为 N_{T_1}，$N_{T_1} \leqslant T_1 F_s$，$T_1$ 是每个规则区的持续时间，F_s 是采样频率。将其复制 M 份，M 的值根据期望的距离分辨率和系统的运算能力而定。

方法 2：将步骤①中得到的差频复信号中连续的 M 个调制周期中规则区内的部分取出，M 的值根据期望的距离分辨率和系统的运算能力而定。

③用每段信号第一个数据除以前一段信号最后一个数据，得到要补偿的相位差 P_k：

$$P_2 = \frac{S_2[0]}{S_1[N-1]} = \frac{S_1[0]}{S_1[N-1]} = P = \mathrm{e}^{\mathrm{j}\varphi_0} \qquad (2-28)$$

因为此时数据都是复数，所以相位差会包含在该商值的 e 指数上，即 φ_0。每段信号都依次乘以对应的商值，则处理后的信号近似为一段长 MN_{T_1} 个数据点的正弦信号，其中无相位突变。

$$P_k = \frac{S_k[0]}{S_{k-1}[N-1]} P_{k-1} = P \times P_{k-1} = P^{k-1}, 2 \leqslant k \leqslant M \qquad (2-29)$$

④每段复信号分别补上对应的相位差，完成相位的补偿拼接。重新组合成一段 NM 个数据点的差频信号：

$$\tilde{S} = \{S_1 \cdots P_k^{-1} S_k \cdots P_M^{-1} S_M\} = \{S_1 \cdots P^{-(k-1)} S_1 \cdots P^{-(M-1)} S_1\}$$

⑤对重新组合的差频信号 $\tilde{S}$ 进行快速傅里叶变换（FFT），求差频频率，进而由对应调制方式的距离公式求取距离值。最后距离拟合连续测距。

复制和连续相位拼接法的算法流程图如图 2 - 18 所示。

处理后信号的频谱正是期望的频谱——sinc 曲线，主瓣最高点在 $\beta\tau(t) - f_d$ 或 $\beta\tau(t) + f_d$，主瓣宽度为 $1/(MT_1) \approx 2/(MT_m)$，是补零 FFT 法中主瓣宽度的 $1/M$。取 FFT 得到的频谱中幅度最大值处的频率作为此时规则区的差频频率，再根据式（2 - 13）计算距离。最后根据前半调制周期和后半调制周期分别计算出的距离取均值，消除 f_d 的影响，得出弹目距离。

2. 复制和连续相位拼接法误差分析与性能仿真

由于相位拼接的本质仍是 FFT 分析，其测距误差同补零 FFT 法的误差，但是因为

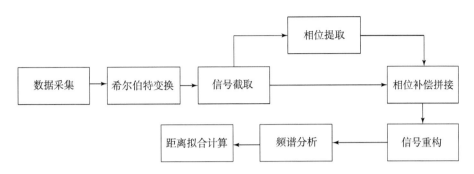

图 2 - 18　连续相位拼接法系统框图

频谱能量更集中，所以与补零 FFT 法相比，可适应更低信噪比。

在与图 2 - 14、图 2 - 15 相同的仿真条件下，仿真 DCPS 法在不同信噪比下的性能，如图 2 - 19 和图 2 - 20 所示。从图可见，在 SNR > 0 dB 时，DCPS 法的测距误差与补零 FFT 法大致相同；在 SNR = - 5 dB 时，DCPS 法的测距误差在 [- 0.2 m，0.2 m] 范围内，均方根误差约为 0.3 m，优于谐波定距法的固有误差 1.5 m。

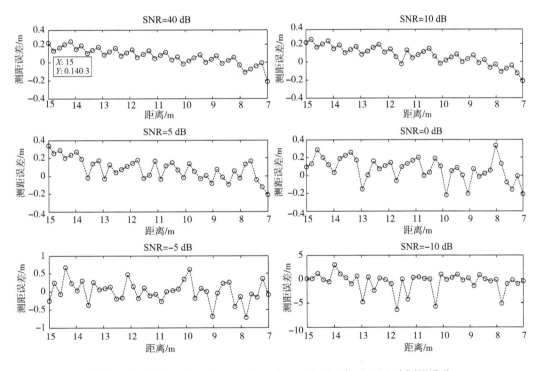

图 2 - 19　SNR = 40、10、5、0、- 5、- 10 dB 时，DCPS 法测距误差

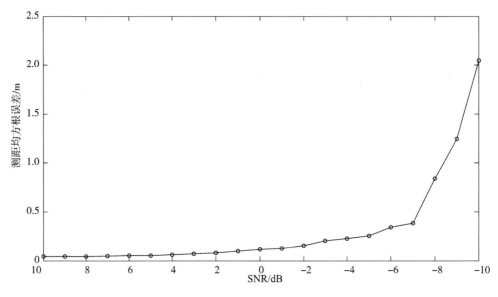

图 2 - 20　10 m 时，SNR = 10 ~ - 10 dB，DCPS 法测距均方根误差

2.4　调频连续波引信时域测距方法

2.4.1　时域求导比值法

上节中，补零 FFT 等测距方法以频域分析为基础，需要较大的运算量。在常规调频引信中，要求尽可能地降低成本，减小功耗和体积，希望找到具有较小运算量并达到相当测距精度的算法。基于求导比值的调频连续波时域测距方法，改变传统频域分析方法，从时域角度对差频信号进行分析处理，打破调制频偏对于定距精度的固有限制，并提高测距精度，同时，由于不需要进行时频转换，从而大幅降低了运算量。

在三角波调频的情况下，发射、接收及差频信号瞬时频率变化如图 2 - 21 所示。T_1 和 T_3 是差频信号的规则区，T_2 是差频信号的不规则区。差频信号可以表示为

$$s_b(t) = \begin{cases} U_b\cos\left\{2\pi\left[f_c + \dfrac{2\Delta F}{T_m}(t - nT_m) - \dfrac{\Delta F}{T_m}\tau(t)\right]\tau(t)\right\}, & -1/4T_m + nT_m \leqslant t \leqslant (n + 1/4)T_m \\ U_b\cos\left\{2\pi\left[(f_c + \Delta F) - \dfrac{2\Delta F}{T_m}(t - nT_m) + \dfrac{\Delta F}{T_m}\tau(t)\right]\tau(t)\right\}, & (n + 1/4)T_m \leqslant t \leqslant (n + 3/4)T_m \end{cases}$$

$$(2 - 30)$$

式中，ΔF 是调制频偏；f_c 是载波频率；延迟 $\tau(t) = 2(r - v_r t)/c$，v_r 是相对速度，c 是光速，r 是初始距离；U_b 是差频信号幅度。

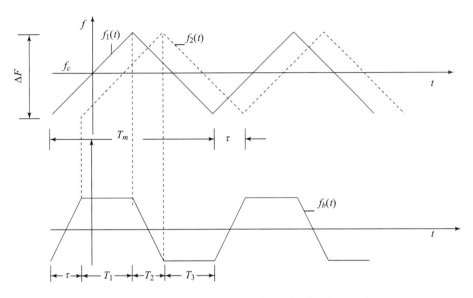

图 2 – 21　三角波调制发射、接收及差频信号频率示意图

因为 $v_r \ll c$ ，所以，在一个调制周期内，$\tau(t)$ 几乎没有变化，$\tau(t) \approx \tau$ ，则式（2 – 29）简化为：

$$s_b(t) = \begin{cases} U_b\cos\{kr(t - nT_m) + \varphi_1(n)\}, & -1/4\,T_m + nT_m \leqslant t \leqslant (n+1/4)T_m \\ U_b\cos\{kr(t - nT_m) + \varphi_2(n)\}, & (n+1/4)T_m \leqslant t \leqslant (n+3/4)T_m \end{cases}$$

$$(2 - 31)$$

式中，$k = 8\pi\Delta F/(T_m c)$ ，$\varphi_1(n)$ 、$\varphi_2(n)$ 表示第 n 段规则区的初始相位，相邻规则区之间的初始相位有如下关系：

$$\hat{\varphi}_n - \hat{\varphi}_{n-1} = \frac{2\pi f_d T_m}{2}$$

式中，$f_d = \dfrac{2v_r f_c}{c}$ ，为多普勒频率。

取规则区内的一段差频信号，长度 $T_s \leqslant T_3$ ，初始时刻 T_x ，并对其求导，则根据式（2 – 30），有

$$s'_b(t) = \begin{cases} U_b kr\sin[kr(t - nT_m) + \varphi_1(n)], & -1/4\,T_m + nT_m \leqslant t \leqslant (n+1/4)T_m \\ U_b kr\sin[kr(t - nT_m) + \varphi_2(n)], & (n+1/4)T_m \leqslant t \leqslant (n+3/4)T_m \end{cases}$$

$$(2 - 32)$$

在所取的一个规则区内对 $s'_b(t)$ 和 $s_b(t)$ 的绝对值积分，然后相比，则有：

$$\frac{\int_{T_x}^{T_x+T_s}|s'_b(t)|\mathrm{d}t}{\int_{T_x}^{T_x+T_s}|s_b(t)|\mathrm{d}t} = kr\frac{\int_{T_x}^{T_x+T_s}|\sin(krt+\varphi_{1,2})|\mathrm{d}t}{\int_{T_x}^{T_x+T_s}|\cos(krt+\varphi_{1,2})|\mathrm{d}t}$$

$$(2 - 33)$$

令
$$\frac{\int_{T_x}^{T_x+T_s} |\sin(krt + \varphi_{1,2})|\mathrm{d}t}{\int_{T_x}^{T_x+T_s} |\cos(krt + \varphi_{1,2})|\mathrm{d}t} = \Lambda \tag{2-34}$$

式（2-33）中，$\varphi_{1,2}$ 表示 φ_1 或者是 φ_2。取 $\hat{\varphi} = \varphi_{1,2} + krT_x$，则式（2-34）可以表示为：

$$\Lambda = \frac{\int_{T_x}^{T_x+T_s} |\sin(krt + \varphi_{1,2})|\mathrm{d}t}{\int_{T_x}^{T_x+T_s} |\cos(krt + \varphi_{1,2})|\mathrm{d}t} = \frac{\int_0^{T_s} |\sin(krt + \hat{\varphi})|\mathrm{d}t}{\int_0^{T_s} |\cos(krt + \hat{\varphi})|\mathrm{d}t} \tag{2-35}$$

式（2-33）为一个规则区内信号导数 $s_b'(t)$ 与信号 $s_b(t)$ 的绝对值积分的比值。如果将积分长度扩展到 N 个规则区，则式（2-33）可以扩展为：

$$\frac{\sum_{n=1}^{N} \int_{T_x}^{T_x+T_s} |s_{bn}'(t)|\mathrm{d}t}{\sum_{n=1}^{N} \int_{T_x}^{T_x+T_s} |s_{bn}(t)|\mathrm{d}t} = kr \frac{\sum_{n=1}^{N} \int_{T_x}^{T_x+T_s} |\sin(krt + \varphi_{1,2}^n)|\mathrm{d}t}{\sum_{n=1}^{N} \int_{T_x}^{T_x+T_s} |\cos(krt + \varphi_{1,2}^n)|\mathrm{d}t} \tag{2-36}$$

相应式（2-35）可以演变为：

$$\Lambda = \frac{\sum_{n=1}^{N} \int_0^{T_s} |\sin(krt + \hat{\varphi}_n)|\mathrm{d}t}{\sum_{n=1}^{N} \int_0^{T_s} |\cos(krt + \hat{\varphi}_n)|\mathrm{d}t} \tag{2-37}$$

式中，$\hat{\varphi}_n$ 为第 n 个规则区的初始相位。相邻规则区之间的 $\hat{\varphi}_n$ 有如下关系：

$$\hat{\varphi}_n = \hat{\varphi}_{n-1} + \frac{2\pi f_d T_m}{2} = \hat{\varphi}_{n-1} + \frac{2\pi v_x f_c T_m}{c} \tag{2-38}$$

式中，$\frac{2\pi v_x f_c T_m}{c}$ 为多普勒 f_d 信号引起的规则区信号初始相位的变化量。根据式（2-38），$\hat{\varphi}_n$ 可以进一步表示为：

$$\hat{\varphi}_n = \hat{\varphi}_1 + \frac{2\pi v_x f_c T_m}{c}(n-1) \tag{2-39}$$

由式（2-37）可知，当 T_s、N 较大时，Λ 的值将会与 1 靠近。同时，由式（2-36）可知，如果 $\Lambda = 1$，则可以计算出目标距离 r 的估算值 $\tilde{r}$：

$$\tilde{r} = \frac{\sum_{n=1}^{N} \int_{T_x}^{T_x+T_s} |s_{bn}'(t)|\mathrm{d}t}{\sum_{n=1}^{N} \int_{T_x}^{T_x+T_s} |s_{bn}(t)|\mathrm{d}t} \bigg/ k \tag{2-40}$$

由于 Λ 的真实值与 1 之间存在差异，因此算法存在固有计算误差，其固有误差可以表示为：

$$e = r - \tilde{r} = r(1 - \Lambda) \tag{2-41}$$

2.4.2   求导比值法测距误差分析

根据式（2-37）和式（2-41），求导比值法绝对误差可表示为：

$$
e = r \frac{\displaystyle\sum_{n=1}^{N} \int_{0}^{T_s} |\sin(krt + \hat{\varphi}_n)| \, \mathrm{d}t - \sum_{n=1}^{N} \int_{0}^{T_s} |\cos(krt + \hat{\varphi}_n)| \, \mathrm{d}t}{\displaystyle\sum_{n=1}^{N} \int_{0}^{T_s} |\cos(krt + \hat{\varphi}_n)| \, \mathrm{d}t} \tag{2-42}
$$

取 $\varphi = krt + \hat{\varphi}_n$，则式（2-42）可以演变为：

$$
e = r \times \frac{\displaystyle\sum_{n=1}^{N} \int_{\hat{\varphi}_n}^{\varphi_{T_n}} |\sin\varphi| \, \mathrm{d}t - \sum_{n=1}^{N} \int_{\hat{\varphi}_n}^{\varphi_{T_n}} |\cos\varphi| \, \mathrm{d}t}{\displaystyle\sum_{n=1}^{N} \int_{\hat{\varphi}_n}^{\varphi_{T_n}} |\cos\varphi| \, \mathrm{d}t} \tag{2-43}
$$

式中，$\varphi_{T_n} = krT_s + \hat{\varphi}_n$，根据三角函数关系 $\sin\varphi = \cos(\varphi - \pi/2)$，同时定义函数 $g(\varphi)$：

$$
g(\varphi) = \int_{0}^{\varphi} |\cos\varphi| \, \mathrm{d}\varphi \tag{2-44}
$$

则测距误差式（2-43）可以表示为：

$$
e = r \frac{\displaystyle\sum_{n=1}^{N} \left[g(\varphi_{T_n} - \pi/2) - g(\hat{\varphi}_n - \pi/2) - g(\varphi_{T_n}) + g(\hat{\varphi}_n) \right]}{\displaystyle\sum_{n=1}^{N} \left[g(\varphi_{T_n}) - g(\hat{\varphi}_n) \right]} \tag{2-45}
$$

对于函数 $g(\varphi)$，可作如下积分展开：

$$
g(\varphi) = \begin{cases} 4n + \sin\varphi, & 2n\pi - \pi/2 < \varphi \leqslant 2n\pi + \pi/2 \\ 4n + 2 - \sin\varphi, & 2n\pi + \pi/2 < \varphi \leqslant 2n\pi + 3\pi/2 \end{cases} \tag{2-46}
$$

$g(\varphi)$ 为分段函数，用其直接计算绝对误差 e 较为烦琐，为简化运算，可以对式（2-46）进行以下近似：

$$
\begin{aligned}
g'(\varphi) &= \frac{2}{\pi}\varphi + \left[\sin\left(\arccos(2/\pi) - \frac{2\arccos(2/\pi)}{\pi} \right) \right] \sin(2\varphi) \\
&= \frac{2}{\pi}\varphi + 0.210\,5\sin(2\varphi)
\end{aligned} \tag{2-47}
$$

式（2-47）的近似误差如图 2-22 所示，可以看出 $g'(\varphi)$ 对 $g(\varphi)$ 的近似是合理的，其绝对误差呈周期性变化，且维持在很小的水平（0.03 以内）。

将 $g(\varphi)$ 近似为 $g'(\varphi)$ 并代入式（2-45）可以得：

$$
e = r \frac{-0.842\sin(krT_s) \displaystyle\sum_{n=1}^{N} \cos(krT_s + 2\hat{\varphi}_n)}{\dfrac{2}{\pi} krT_s N + 0.421\sin(krT_s) \displaystyle\sum_{n=1}^{N} \cos(krT_s + 2\hat{\varphi}_n)} \tag{2-48}
$$

对于典型引信工作条件下的参数 k、T_s、r，可以使得 $\dfrac{2}{\pi} krT_s N \gg \sin(krT_s) \displaystyle\sum_{n=1}^{N} \cos(krT_s + $

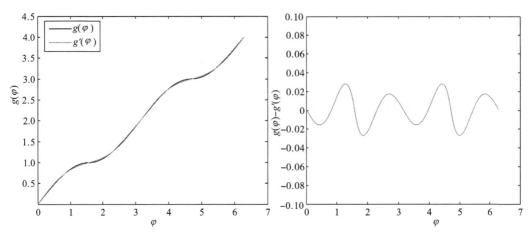

图 2 – 22 $g(\varphi)$ 与其近似值 $g'(\varphi)$ 及绝对误差

$2\hat{\varphi}_n$），因此，式（2 – 48）可以进一步简化为：

$$e \approx \frac{- 0.842\sin(krT_s) \sum_{n=1}^{N} \cos(krT_s + 2\hat{\varphi}_n)}{\frac{2}{\pi}kT_sN} \qquad (2-49)$$

取 $A = \dfrac{2\pi f_c T_m}{c}$，将式（2 – 39）代入式（2 – 49）可得求导比值法绝对误差为：

$$e = \frac{- 0.842\sin(krT_s) \sum_{n=1}^{N} \cos[krT_s + 2\hat{\varphi}_1 + 2Av_r(n-1)]}{\frac{2}{\pi}kT_sN} \qquad (2-50)$$

由式（2 – 50）可知，求导比值法的绝对误差与截取差频信号段数 N、目标实际距离 r、相对运动速度 v_r、第一规则区初始相位 $\hat{\varphi}_1$ 有关，而 k、T_s、A 则为系统的固定参数。同时，积累差频信号的段数 N 对求导比值法的绝对误差有很大的影响。增大差频信号段数 N 可以减小绝对误差，且效果明显。对于第一规则区初始相位 $\hat{\varphi}_1$，其大小受到目标反射、多普勒等多种因素影响，可以认为其数值在 $0 \sim 2\pi$ 内随机分布。初始相位 $\hat{\varphi}_1$ 对绝对误差的影响表现于式（2 – 50）的分子项中：

$$e\varphi(\varphi_1) = \sum_{n=1}^{N} \cos[krT_s + 2\hat{\varphi}_1 + 2Av_r(n-1)] \qquad (2-51)$$

根据周期函数的性质，显然可以证明 $e\varphi(\varphi_1)$ 为关于 $\hat{\varphi}_1$ 的周期函数，其周期为 π。因此，绝对误差 e 也为关于 $\hat{\varphi}_1$，周期为 π 的周期函数。

从式（2 – 50）中可以看出，目标距离会引起求导比值法的绝对误差变化。目标距离主要影响式（2 – 50）中的分子项，可以表示为：

$$er(r) = -0.842\sin(krT_s)\sum_{n=1}^{N}\cos\left[krT_s + 2\hat{\varphi}_1 + 2Av_r(n-1)\right] \qquad (2-52)$$

根据周期函数的性质，可以认为绝对误差 e 为关于 r，周期为 $2\pi/(kT_m)$ 的周期函数。弹目相对速度 v_r 对求导比值法测距误差的影响体现在式（2-50）中的分子项中，不同的 v_r 会引起求和项 $\sum\limits_{n=1}^{N}\cos\left[krT_s + 2\hat{\varphi}_1 + 2Av_r(n-1)\right]$ 遍历的相位不一样，对于相同的 N，较大的 v_r 可以使该求和项遍历的相位增大，从而使该求和项随着 N 的增大而更快地减小，更快地减小绝对误差。

不同相对速度、目标距离及不同积分长度条件对测距误差的影响如图 2-23 ~ 图 2-25 所示。

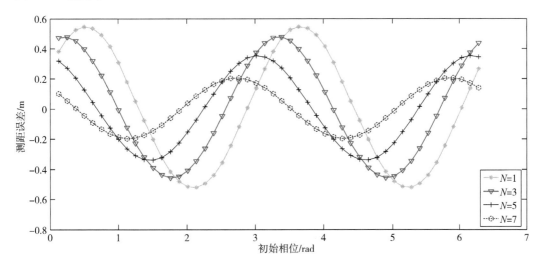

图 2-23　相对速度 $v_r = 500$ m/s，目标距离 $r = 10$ m 时，不同积分长度 N，不同初始相位下的测距误差

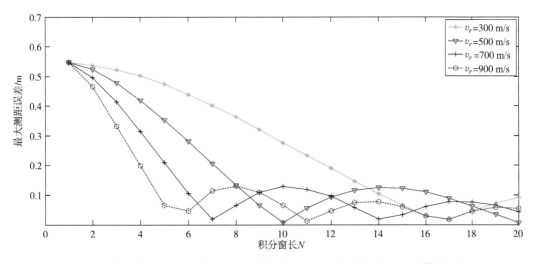

图 2-24　目标距离 $r = 10$ m 时，不同积分长度 N，不同相对速度 v_r 下的最大测距误差

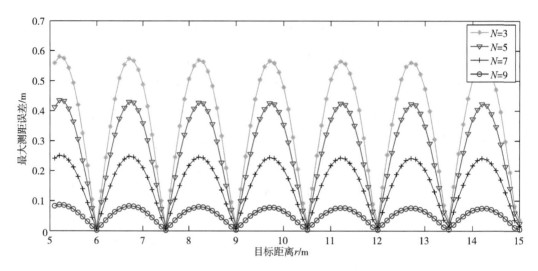

图 2 - 25　相对速度 $v_r = 500$ m/s 时，不同目标距离，不同积分窗长 N 下的最大测距误差

由图 2 - 23 ~ 图 2 - 25 可知，增大差频信号段数 N 可以很好地减小求导比值法的绝对误差，与误差理论分析的结果能较好地吻合。由图 2 - 23 可知，初始相位 $\hat{\varphi}_1$ 引起求导比值法的绝对误差呈现周期为 π 周期性变化，与理论推导一致。由图 2 - 24 可知，目标距离引起求导比值法的绝对误差呈现周期为 $2\pi/(kT_m)$ 的周期性变化，与理论推导一致。

在 $\Delta F = 50$ MHz，$f_m = 100$ kHz，$f_c = 3$ GHz，$v_r = 1\,000$ m/s，$F_s = 40$ MHz 的条件下，对基于求导比值的调频测距方法的性能进行仿真，其在不同信噪比（SNR）下的测距误差如图 2 - 26 所示。其中，对 5 个调制周期（$N = 10$ 段规则区）内的信号运用求导比值法，求得距离值。

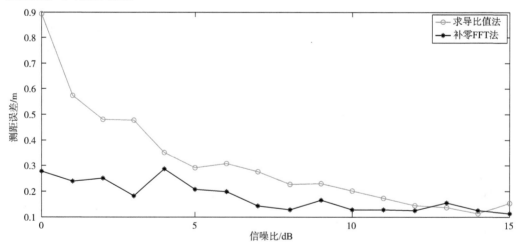

图 2 - 26　求导比值法、补零 FFT 法的测距误差随信噪比变化

在该条件下，谐波定距法的测距固定误差为 $c/(4\Delta F) = 1.5$ m。从图 2 - 26 中可见，当 SNR > 5 dB 时，求导比值法的最大误差不超过 0.3 m，明显优于谐波定距法。但是，当 SNR 进一步降低时，测距误差变大。这是因为，求导的方法依赖信号的时域波形，在低 SNR 条件下会带来较大误差。补零 FFT 法的测距误差略优于求导比值法，特别是在较低 SNR 的条件下，其测距误差并没有明显地增加。但是，相比于补零 FFT 法，求导比值法的优势在于其计算量很小，在图 2 - 26 的仿真条件下，求得一个距离值，求导比值法只需要 1 次除法运算；补零 FFT 法需要 $2 \times (\log_2 1\,024) \times 1\,024/2 = 10\,240$ 次乘法运算。

2.5　调频测距引信调制参数的选择原则

在差频公式中，调制频偏值 ΔF 和调制周期 T 似乎是相互独立的，并且可以任意选择，但实际上对调制系统的参数选择是受到一系列限制的。

2.5.1　发射频率的选择

发射频率 f_0 的选择主要根据波段特点，天线形式与性能，部件形式、结构、体积重量等需求，以及目标特性、系统功能与性能、测距精度等因素来决定，另外，成本和应用场合也是重要因素。

2.5.2　调制频偏的选择

1. 要避免寄生调幅的影响

由于调频发射机有寄生调幅存在，以至于在没有反射信号的情况下，混频器输出端也具有调制频率 Ω 及其谐波分量的输出。虽然在设计调频系统时，采取各种减小寄生调幅的方法，如选择适当的振荡器、使用平衡混频器、设置限幅器、对寄生调幅进行负反馈等，但仍不能完全消除寄生调幅。所以，在选择系统参数时，要考虑尽量减少寄生调幅的影响。为此，要求混频后的差频信号的频率 f_i 与产生寄生调幅的调制频率 f 相差较远，即

$$f_i = mf \tag{2-53}$$

式中，当 $m \gg 1$ 时，则可实现 f_i 与 f 相差较远。

以三角波调制为例，差频频率与距离有如下关系：

$$f_i = \frac{\Delta F}{T}\tau = \frac{4\Delta F}{cT}R \tag{2-54}$$

将式（2-53）代入式（2-54）可得：

$$\Delta F = \frac{mc}{4R_{\min}} \tag{2-55}$$

为了确定 ΔF 值的下限，式中采用引信工作时弹目距离的最小值 R_{min}。R_{min} 越小，要求的频偏越大。对于近炸引信来说，属于典型的近距离工作。例如，取 R_{min} 为 7.5 m，并取 $m=10$，那么要求频偏为 $\Delta F=100$ MHz。这么大的频偏必将在技术上为实现调频测距引信带来特殊困难。

2. 要考虑具体电路实现的可能性及天线频带宽度等的限制

对于实际的调频探测系统，增大频偏将受到多方面因素的限制。在工程实现时，一般取 $\Delta F < 5\% \times f_0$，否则非线性等问题将非常突出，将严重影响测距精度。另外，天线、混频器等主要部件的带宽也将限制 ΔF 的提高。

2.5.3 调制频率选择

1. 要尽量减小差频不规则区间

如前所述，由于差频频率不规则区的存在，导致差频信号具有许多谐波分量和离散的频谱，从而影响利用差频公式测距的精确度。只有无限增大调制周期 T，并使 $T\to\infty$ 时，才可使差频信号对于任何距离均为单一频率，并且此频率可随距离连续地变化。因此，在选择调制频率时，应尽量使不规则区在一个调制周期内占较小的比例，即

$$T = n\tau_{max}$$

式中，n 为常数，且 $n \gg 10$；$\tau_{max} = 2R_{max}/C$，代入上式可得

$$f = \frac{C}{2nR_{max}} \qquad (2-56)$$

2. 消除非单值所产生的距离模糊

在周期性调制的情况下，差频公式还不能单值地确定引信到目标间的距离，因为根据它们不能区分延迟时间为 τ、$T+\tau$、$2T+\tau$、$\cdots$、$nT+\tau$ 时所对应的距离。也就是说，在相差距离为 $\Delta R = cT$ 和其倍数 $n\Delta R$ 时，所对应的差频 f_i 值都是相同的，这样就产生了距离模糊。

为了消除距离模糊，在选择调制频率时，应使调制周期足够大，一个调制周期所对应的距离大于可能测得的距离变化范围。设 R_0 为系统能够测出的距离范围，应使这个可能测得的距离变化范围小于 cT，即

$$R_0 < \Delta R = cT$$
$$f < c/R_0 \qquad (2-57)$$

这实际上就是要求在距离 $(R_0 + \Delta R)$ 上的最大可能回波信号电压 $U_{rm}(R_0+\Delta R)_{max}$ 应该比在距离 R_0 上的最小可能回波信号电压 $U_{rm}(R_0)_{min}$ 还要小。式中的 R_0 为引信的作用距离。

3. 减小多普勒效应的影响

在前面已分析过，当弹目间有相对运动时，由于延迟时间 τ 的变化及多普勒效应

的存在，使差频信号的频谱发生变化，特别是多普勒频率的出现，将给信号处理造成困难或引起距离误差。因此，应该使差频频率尽量与多普勒频率相差较远，即

$$f_i \gg f_d$$

例如，采用锯齿波调频时，$f_i = \dfrac{2\Delta F}{c} \cdot fR, f_d = \dfrac{2V_R}{\lambda_0}$，则有下列关系式

$$f \gg \frac{V_R c}{\lambda_0 \Delta F R_{\min}} \tag{2-58}$$

第3章 连续波多普勒无线电引信

3.1 多普勒无线电引信探测原理

多普勒效应（Doppler effect）是指在发射机和接收机之间存在相对运动时，接收机所接收到的振荡频率与振荡源的振荡频率不同，当接收机向接近发射机方向运动时，接收信号频率比发射信号频率增大，而接收机向远离发射机方向运动时，接收信号频率比发射信号频率小，它们的频率差值即为多普勒频率。当发射机和接收机间相对速度远小于光速时，多普勒频率可表示为：

$$f_d = \pm \frac{V_R}{\lambda_0} \tag{3-1}$$

式中，V_R 为发射机与接收机之间的相对速度；V_R/λ_0 称为多普勒频率。

多普勒无线电引信即是利用弹丸与目标相对运动产生多普勒效应进行工作的无线电引信。对于主动无线电引信探测系统，发射机和接收机处于同一弹体中，发射机发射的电磁波由目标反射并被接收机接收，此过程中，多普勒频率增大一倍：

$$f_d = \pm \frac{2V_R}{\lambda_0} \tag{3-2}$$

由式（3-2）可见，多普勒信号频率由弹目相对速度及发射信号波长决定，如果弹目是逐渐接近的，则 f_d 为正值；如果弹目是逐渐远离的，则 f_d 为负值。

1. 空中目标弹目交会模型

图 3-1 为空中弹目交会模型，此处讨论点目标且弹速与目标速度共面情况。在引信工作阶段，可以认为弹丸和目标做匀速直线运动，弹目相对速度不变。

其中，V_T 为目标速度；V_M 为弹丸速度；V_R 为弹目接近速度；V_r 为弹目相对速度；β 为弹目交会角；α 为弹目接近速度与相对速度的夹角；ρ 为脱靶量；R 为弹目距离。

图 3-1 中各个参量有如下数学关系：

$$V_R = V_r \cos\alpha \tag{3-3}$$

$$V_r = \sqrt{V_M^2 + V_T^2 - 2V_M V_T \cos\beta} \tag{3-4}$$

$$\cos\alpha = \frac{\sqrt{R^2 - \rho^2}}{R} \tag{3-5}$$

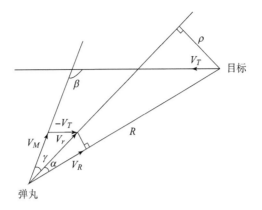

图 3 – 1　点目标弹目速度共面交会模型

则多普勒频率 f_d 可表示为：

$$f_d = \frac{2V_R}{\lambda}$$

$$= \frac{2}{\lambda} \sqrt{V_M^2 + V_T^2 - 2V_M V_T \cos\beta} \cdot \sqrt{1 - \left(\frac{\rho}{R}\right)^2} \qquad (3-6)$$

2. 地面目标弹目交会模型

地面目标模型中，只考虑地面对电磁波的反射，即把地面作为目标。因此，只有弹丸运动，目标是固定的，如图 3 – 2 所示。

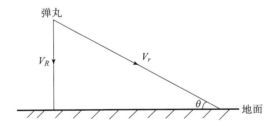

图 3 – 2　弹丸与地面接近时的情况

设弹丸接近地面时的落速为 V_r，落角为 θ，则

$$V_R = V_r \sin\theta$$

多普勒频率为

$$f_d = \frac{2V_R}{\lambda_0} = \frac{2V_r}{\lambda_0} \sin\theta \qquad (3-7)$$

由式（3-7）可知，在对地射击时，f_d 只与落速和落角有关。弹丸的落速和落角由射击条件决定，因此 f_d 是随射击条件的变化而变化的。

3.2 自差式与外差式多普勒无线电引信

弹目交会过程中,引信发射连续信号,并利用部分发射信号与接收的目标反射信号混频所得多普勒信号进行工作。若发射信号频率一定,多普勒频率随引信与目标的接近速度 V_R 的变化而变化,可以通过获取多普勒频率信息得到弹目接近速度信息。另外,引信接收的多普勒信号幅值随弹目距离的减小而增大,同时,多普勒信号振幅与目标有效反射面积也有关。多普勒信号是有一定持续时间的,这个时间与目标尺寸、交会条件、引信天线方向图、引信辐射功率有关。因此,可以利用多普勒信号的变化规律和变化范围,利用它的幅值和持续时间的变化等来确定弹目间的相对位置,本节分别针对自差式与外差式多普勒无线电引信讨论通过接收机得到的多普勒信号来获取弹目距离信息的原理及方法。

3.2.1 自差式多普勒无线电引信

利用自差式收发机作为敏感装置的无线电引信为自差式体制引信。作为引信目标探测器的自差收发机,它的作用是在引信与目标之间建立起一种传输目标信息的信道,使引信能获取所需的目标信息,从而对引信的起爆点实施有效的控制。

从自差机电路作用原理看,它是一个带有收发天线和检波电路的振荡器,振荡器产生超高频的自激振荡,并通过与其紧密耦合的收发天线向外部空间发射电磁波,当引信的辐射区出现目标后,引信所辐射的电磁能量,有一部分被反射回来,形成目标的回波信号。当引信与目标以一定的速度相互接近时,由于多普勒效应,自差机将产生以多普勒频率为倍频的差拍振荡,经自差机的检波电路检波后,就形成了自差收发机输出至信号处理电路的多普勒信号,自差式多普勒无线电引信即利用该多普勒信号探测目标信息。

自差式多普勒无线电引信的基本原理框图如图 3-3 所示,仍然可分两种目标情况讨论自差式多普勒无线电引信与目标的关系。

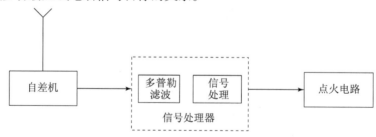

图 3-3 自差式多普勒无线电引信原理框图

1. 空中目标

对于空中目标，为简化起见，用一个等效的各向同性反射体的雷达截面积来表示目标的反射特性，记为 σ。自差式多普勒无线电引信与目标的关系主要考虑自差机输出的带有目标信息的多普勒信号，在此从目标反射信号在天线上产生的感应电动势入手讨论。

无线电引信天线具有一定的方向性，定义 D 为天线的方向性系数，$F(\varphi)$ 为天线的方向性函数，设其辐射功率为 P_Σ，距离 R 处的能量流密度 Π 的大小等于：

$$\Pi = \frac{P_\Sigma}{4\pi R^2}DF^2(\varphi) \tag{3-8}$$

可用场强 E_m 来表示辐射波的大小，通过关系式 $\Pi = E_m^2/(2\rho_0)$ 得

$$E_m = \frac{\sqrt{\rho_0 P_\Sigma D}}{\sqrt{2\pi}R}F(\varphi) \tag{3-9}$$

式中，$\rho_0 = 120\pi$，为空气的波阻抗。

天线所辐射的能量在目标表面感应出高频电流并形成反射，目标反射的总功率为 $P_r = \Pi\sigma$，则它在引信处产生的能流密度 Π_r 为：

$$\Pi_r = \frac{P_\Sigma\sigma}{16\pi^2 R^4}DF^2(\varphi) \tag{3-10}$$

则回波场强表示为：

$$E_{rm} = \frac{\sqrt{\rho_0\sigma DP_\Sigma}}{2\sqrt{2\pi}R^2}F(\varphi) \tag{3-11}$$

反射信号在天线上感应的电动势振幅为：

$$e_{rm} = E_{rm}h_g F(\varphi) \tag{3-12}$$

式中，h_g 为天线有效高度。有效高度的概念仅适合于一种天线，对较复杂的天线就失去了明显的物理意义，并且难以直接计算。所以通常用辐射电阻 R_Σ 代替有效高度 h_g，它们之间的关系为：

$$h_g = \frac{\lambda_0\sqrt{DR_\Sigma}}{\sqrt{\pi\rho_0}} \tag{3-13}$$

把辐射功率也用辐射电阻来表示：

$$p_\Sigma = \frac{1}{2}I_m^2 R_\Sigma \tag{3-14}$$

式中，I_m 为天线电流最大振幅。

利用式（3-11）~ 式（3-14）得回波信号在天线上感应的电动势振幅：

$$e_{rm} = \frac{\lambda_0 DF^2(\varphi)\sqrt{\sigma}}{4\pi\sqrt{\pi}R^2}R_\Sigma I_m \tag{3-15}$$

式中，I_m 的系数具有阻抗量纲。因此，目标反射作用可以看成是反射信号作用在引信天线回路上引入了附加阻抗。该附加阻抗可表示为：

$$\Delta Z_A = e_{rm}/I_m \qquad (3-16)$$

当弹目相对运动时，反射信号频率与天线中激励电流频率相差一个多普勒频率 f_d。那么，若以激励电流相位为起始相位，ΔZ_A 可表示为：

$$\Delta Z_A = \frac{e_{rm}\mathrm{e}^{\mathrm{j}[(\omega_0+\Omega)t+\varphi_0]}}{I_m\mathrm{e}^{\mathrm{j}(\omega_0 t+\varphi_0)}}$$

$$= \frac{e_{rm}}{I_m}\mathrm{e}^{\mathrm{j}(\Omega t+\varphi_0)}$$

$$= |\Delta Z_A|\mathrm{e}^{\mathrm{j}(\Omega t+\varphi_0)} \qquad (3-17)$$

由式（3-17）可见，当弹目接近时，ΔZ_A 的幅角与时间成线性变化。由式（3-15）知，随着弹目的接近，$|\Delta Z_A|$ 逐渐增大。这种关系反映在相量图上，就使 ΔZ_A 的矢径端点形成了一条螺旋线，如图 3-4 所示。

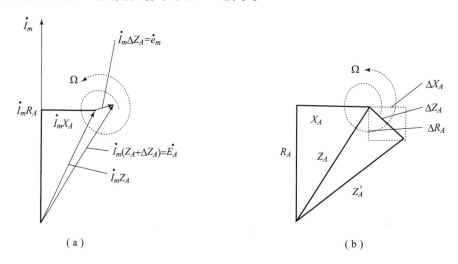

图 3-4　天线回路相量图和阻抗图

（a）相量图；（b）阻抗图

从图 3-4 可见，当弹目距离 R 变化不大时，附加阻抗 ΔZ_A 的模 $|\Delta Z_A|$ 变化不大，而它的两个分量 ΔR_A 和 ΔX_A 却随着相位的变化而发生显著的变化，它是以频率 f_d 进行的周期性变化。若天线损耗电阻忽略不计，则可认为天线输入电阻 R_A 与辐射电阻 R_Σ 相等，则 ΔR_A 可用 ΔR_Σ 代替。

负载实部和虚部周期性的变化导致自差收发机电路中的高频电压和电流也以多普勒频率做周期性的变化，形成调制振荡。对这种调制进行检波，在自差收发机输出端可以得到振幅为 $U_{\Omega m}$、频率为 f_d 的有益信号，即多普勒信号。多普勒信号幅度 $U_{\Omega m}$ 值与反射信号在天线上的感应电动势 e_{rm} 成比例，或与其等效的 $|\Delta Z_A|$ 值成比例，即

$$U_{\Omega m} = S' \mid \Delta Z_A \mid \tag{3-18}$$

式中，S' 为比例系数。

对于具体的自差收发机电路，多普勒信号可以反映 ΔZ_A 的实部 ΔR_Σ 的变化，也可以反映虚部 ΔX_A 的变化。具有多普勒幅度检波电路的自差机输出的信号反映 ΔR_Σ 的变化，而具有多普勒频率检波电路的自差收发机输出的多普勒信号反映 ΔX_A 的变化。对于常用的幅度检波自差收发机，输出的多普勒信号仅与 ΔR_Σ 有关。这时可以认为 ΔR_Σ 的振幅为：

$$\Delta R_{\Sigma m} = \mid \Delta Z_A \mid \tag{3-19}$$

式（3-16）可得：

$$e_{rm} = \Delta R_{\Sigma m} I_m \tag{3-20}$$

则代入式（3-18），可得：

$$U_{\Omega m} = S'_\Delta R_{\Sigma m} \tag{3-21}$$

由式（3-15）和式（3-20）得：

$$\Delta R_{\Sigma m} = \frac{\lambda_0 D F^2(\varphi) \sqrt{\sigma}}{4\pi \sqrt{\pi} R^2} R_\Sigma \tag{3-22}$$

把式（3-22）代入式（3-21）得：

$$U_{\Omega m} = S' \frac{\lambda_0 D F^2(\varphi) \sqrt{\sigma}}{4\pi \sqrt{\pi} R^2} R_\Sigma \tag{3-23}$$

令

$$S_A = S'_{R\Sigma} = \frac{U_{\Omega m}}{\Delta R_{\Sigma m}} R_\Sigma = \frac{U_{\Omega m}}{\Delta R_{\Sigma m}/R_\Sigma} \tag{3-24}$$

则

$$U_{\Omega m} = \frac{S_A \lambda_0 D F^2(\varphi) \sqrt{\sigma}}{4\pi \sqrt{\pi} R^2} \tag{3-25}$$

式（3-24）中的 S_A 称为自差收发机的探测灵敏度。该探测灵敏度也可以表示成：

$$S_A = \frac{U_{\Omega m}}{P_r/P_\Sigma} \tag{3-26}$$

$$S_A = \eta \frac{U_{\Omega m}}{\Delta R_A/R_A} \tag{3-27}$$

式中，η 为天线效率。

探测灵敏度是自差收发机作为无线电引信目标敏感装置的一项很重要的性能参数，它表明引信对目标出现反应的灵敏程度。高的灵敏度意味着引信可以发现更远或更小的目标，也就是引信有远的作用距离；对于一定的目标和作用距离，可以通过提高信噪比，降低引信在噪声作用下的早炸率。

在式（3-25）中，若 $U_{\Omega m}$ 等于 $U_{\Omega m0}$ 时引信执行级动作，则称 $U_{\Omega m0}$ 为引信的启动灵敏度，习惯上也叫低频灵敏度。若此时引信与目标间的距离为 R_0，则称 R_0 为引信的炸距。由式（3-25）可得炸距公式：

$$R_0 = \sqrt{\frac{S_A \lambda_0 D F^2(\varphi) \sqrt{\sigma}}{4\pi \sqrt{\pi} U_{\Omega m0}}} \qquad (3-28)$$

2. 地面目标

地面目标与空中目标的分析思想相似，都是从推导天线感应电动势入手，继而得出自差机输出的多普勒信号幅值，最后计算弹目距离。

与空中目标不同，地面是典型的分布反射目标，当地面起伏远小于工作波长时，可以认为地面反射为镜面反射，其反射场可以通过镜像反射原理求得。设 A 为引信天线，如图 3-5 所示。

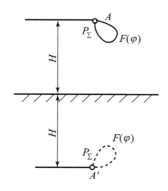

图 3-5　引信与地面目标相互作用

根据镜像原理，引信天线 A 处的反射信号功率通量密度等于 A'（A 的镜像）的假想辐射器在 A 点所产生的功率通量密度。假想辐射器的辐射功率等于引信的辐射功率，其方向图为引信方向图的镜像。与式（3-8）类似，可以得到

$$\Pi_r = \frac{P_\Sigma D F^2(\varphi)}{4\pi (2H)^2} \qquad (3-29)$$

实际地面不是理想导体。考虑到地面反射时的损耗，在式（3-29）中引入地面反射系数 N。由于 N 是表示反射时场强的损耗，在功率表达式中以平方关系出现，故式（3-29）变为

$$\Pi_r = \frac{P_\Sigma D F^2(\varphi) N^2}{4\pi (2H)^2} \qquad (3-30)$$

利用关系式 $\Pi = E_m^2/(2\rho_0)$ 可以求出反射信号电场分量振幅

$$E_{rm} = \frac{F(\varphi) N \sqrt{2\rho_0 P_\Sigma D}}{4H \sqrt{\pi}} \qquad (3-31)$$

把式（3-31）代入式（3-12），再考虑到式（3-13）和式（3-14），可以求得反射信号在天线上感应的电动势：

$$e_{rm} = \frac{\lambda_0 DF^2(\varphi)NR_\Sigma}{4\pi H}I_m \qquad (3-32)$$

把式（3-32）与式（3-21）相比较得

$$\Delta R_{\Sigma m} = \frac{\lambda_0 DF^2(\varphi)N}{4\pi H}R_\Sigma \qquad (3-33)$$

引入探测灵敏度 S_A，求得自差收发机输出的多普勒信号幅值

$$U_{\Omega m} = S_A \frac{\Delta R_{\Sigma m}}{R_\Sigma} = \frac{S_A\lambda_0 DF^2(\varphi)N}{4\pi H} \qquad (3-34)$$

当 $U_{\Omega m} = U_{\Omega m0}$ 时执行级动作，此时引信与地面的距离 H_0 为引信的炸距，因为是对地作用，通常把炸距叫作炸高，即

$$H_0 = \frac{S_A\lambda_0 DF^2(\varphi)N}{4\pi U_{\Omega m0}} \qquad (3-35)$$

需要说明的是，从炸距的公式中看到炸距与辐射功率无关，而实际上辐射功率与系统探测灵敏度 S_A 有关。当辐射功不同时，自差收发机工作状态一定不同，因而 S_A 也一定不同，也就是说，辐射功率对炸距的影响在公式中是通过探测灵敏度体现的。

由式（3-28）和式（3-35）可见，弹目距离信息保留在自差机的输出信号 $U_{\Omega m}$ 中，因而在早期的无线电引信设计中，就是利用信号能量的大小达到一定门限值的方法来实现对引信炸点控制的。

为使引信对弹丸的炸点实施更有效、更精确的控制，在自差收发机的设计中，总是力求使信号能量达到一定值，与引信所要求的起爆区域一致。为此，在设计引信的天线方向图时，总是使 $F(\varphi)$ 的最大方向集中在弹丸破片飞散的方向（对点目标而言）或是弹丸落角出现概率比较集中的方向，以此作为选择引信自差机工作频率和天线结构的出发点。又如，在确定引信的发射功率时，是从保证自差机所产生的回波场强能明显超过周围空间所存在的杂波场强来考虑的；在设计自差机的接收灵敏度时，总力求使它对回波信号的接收灵敏度远高于对其他杂波和干扰信号的接收灵敏度。

若目标和引信工作频率及天线参数等已经确定，那么炸距主要取决于探测灵敏度和低频启动灵敏度。为保证一定的信噪比，防止早炸，$U_{\Omega m0}$ 的减小是有限制的。而 S_A 的提高，不但意味着探测距离增加，还表明自差收发机对电路参数的变化反应更敏感，自然对引信内部噪声的反应也敏感。因此，在为增加炸距而提高 S_A 时，必须注意由此而带来的信噪比的变化。一般炸距不单纯取决于 S_A 的增加，只有探测灵敏度 S_A 与自差收发机输出端噪声振幅的比增加，炸距才能真正增加。

3.2.2 外差式多普勒无线电引信

外差体制，即指发射和接收系统是独立的。在外差式多普勒引信中，通过把接收信号与发射信号混频来获得多普勒信号。外差式多普勒无线电引信基本原理框图如

图 3-6 所示，仍然分两种目标情况讨论外差式多普勒无线电引信与目标的关系。

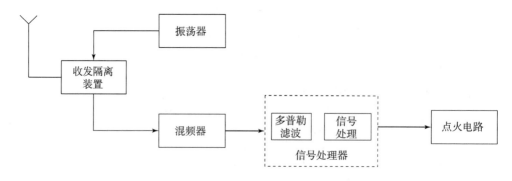

图 3-6　外差式多普勒无线电引信原理框图

一般情况下，由于发射和接收天线之间间隔不可能很远，发射和接收间去耦不完善，因此发射和接收系统间是存在耦合的。这种耦合会对引信工作产生影响。发射机中存在的噪声以发射机振荡噪声调制形式表现出来。那么，当加在接收机的输入端时，被噪声调制的振荡信号在混频器中检波。因此，尽管是外差系统，对发射和接收间这种耦合的存在必须给予极大的关注，以免引信误动作。

1. 空中目标

引信的发射功率，仍可用发射天线的辐射功率 P_Σ 表示，在距离发射天线为 R 的目标处的能量流密度仍用式（3-8）表示。由于接收天线与发射系统分开，则引入 D_r、$F_r(\varphi)$ 两个关于接收天线的参数，分别为接收天线的方向性系数和方向性函数。目标反射在引信接收天线处产生的能流密度可用式（3-10）表示，接收天线的有效面积为：

$$A = \frac{\lambda_0^2 D_r F_r^2(\varphi)}{4\pi} \tag{3-36}$$

在接收天线负载匹配时，接收机输入端功率为

$$P_A = \Pi_r A = \frac{P_\Sigma \lambda_0^2 D F^2(\varphi) D_r F_r^2(\varphi) \sigma}{64\pi^3 R^4} \tag{3-37}$$

式（3-37）为雷达方程。式中引入的 σ 通常是在引信实际使用条件下由试验确定的，这样在使用式（3-37）的雷达方程时，误差可以通过 σ 来弥补。

若把引信执行级动作时引信与目标间的距离用 R_0 表示，可以得到外差式多普勒引信对空目标的炸距公式：

$$R_0 = \sqrt[4]{\frac{P_\Sigma \lambda_0^2 D F^2(\varphi) D_r F_r^2(\varphi) \sigma}{64\pi^3 P_A}} \tag{3-38}$$

为方便起见，一般用混频器或检波器之后放大系统的电压 U_S 来表示弹目距离 R_0：

$$U_S = X \sqrt{P_{im}} \tag{3-39}$$

式中，P_{im} 为混频器输入端信号功率；X 为系数。

若设 $P_{im} = P_A$ ，则

$$U_S = X \sqrt{P_A} \tag{3-40}$$

把式（3-40）代入式（3-38）得：

$$R_0 = \sqrt[4]{\frac{P_\Sigma \lambda_0^2 DF^2(\varphi) D_r F_r^2(\varphi) \sigma X^2}{64\pi^3 U_S^2}} \tag{3-41}$$

2. 地面目标

与分析自差收发机时的情况类似，仍可用镜像原理求得反射信号在接收天线处产生的能流密度，见式（3-30），即

$$\Pi_r = \frac{P_\Sigma DF^2(\varphi) N^2}{4\pi(2H)^2}$$

与分析空中目标类似，可以得到：

$$P_A = \Pi_r A = \frac{P_\Sigma \lambda_0^2 DF^2(\varphi) D_r F_r^2(\varphi) N^2}{64\pi^2 H^2} \tag{3-42}$$

炸高公式为：

$$H_0 = \frac{\lambda_0 F(\varphi) F_r(\varphi) N}{8\pi} \sqrt{\frac{P_\Sigma DD_r}{P_S}} \tag{3-43}$$

或

$$H_0 = \frac{\lambda_0 F(\varphi) F_r(\varphi) XN \sqrt{P_\Sigma DD_r}}{8\pi U_S} \tag{3-44}$$

式中引入的地面反射系数 N 是对在地面上的垂直入射波而言的。对大多数实际覆土地面，N 在 0.2～0.9 范围内。

比较式（3-37）和式（3-42），可以看到，反射功率 P_A 与距离（R 或 H）的关系的区别是 R 和 H 的幂次不同。其物理现象是，随着分布目标（地面是典型的分布目标）高度 H 的增加，有效照射面也在增加，而离开点目标（空中目标可视为点目标）时，就没有这种现象。因此，距离的增加对反射信号功率大小的影响，点目标要比分布目标显著。

3.3　目标回波多普勒特征分析

本节根据点目标模型，以对空目标为例，从多普勒频率角度分析不同弹目交会条件下目标回波特征，给出不同脱靶量及弹目相碰时多普勒频率的变化特征，为连续波多普勒引信设计及炸点控制提供一个新的角度。

3.3.1　多普勒信号频率特征分析

以自差体制的连续波多普勒无线电引信为研究对象，自差机电路中的高频电压和

电流以多普勒频率做周期性的变化，形成调制振荡。对这种调制进行检波，在自差机输出端可以得到振幅为 $U_{\Omega m}$ 、频率为 f_d 的信号，即自差机输出信号就是多普勒信号。对于外差式，多普勒信号模型在3.2节已论述，分析方法与自差式的相似。

1. 多普勒频率与弹目距离的关系

由式（3-1）和式（3-6），可得多普勒频率表示式：

$$f_d = \frac{2}{\lambda} V_r \cos\alpha = \frac{2}{\lambda} V_r \frac{\sqrt{R^2 - \rho^2}}{R} \tag{3-45}$$

式（3-45）做变换后可得：

$$f_d = \frac{2}{\lambda} V_r \sqrt{1 - \frac{1}{(R/\rho)^2}} \tag{3-46}$$

可得 f_d 与 R/ρ 的关系如图3-7所示。

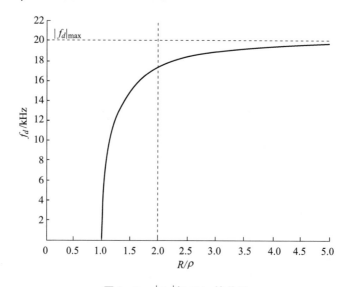

图3-7　$|f_d|$ 与 R/ρ 的关系

弹目交会过程中，多普勒频率的变化分为三个阶段：

①弹目距离较远时，多普勒频率基本保持不变。

当弹目距离足够远时，α 近似等于0，此时多普勒频率为：

$$f_{dmax} = \frac{2V_r}{\lambda} \tag{3-47}$$

一般以 $R = 2\rho$ 为分界点，当 $R > 2\rho$ 时，f_d 的变化很小，并趋近于 f_{dmax}。

②弹目逐渐接近过程中，当 $R < 2\rho$ 后，多普勒频率出现明显的减小趋势。

③当 $R = \rho$ 时，多普勒频率为零。而后，当弹目距离由最近（$R = \rho$）开始增大时，f_d 由零开始增高。

2. 不同脱靶量时多普勒频率

根据图 3 - 7 所示弹目交会模型，多普勒频率可表示为另一种形式：

$$f_d = \frac{2V_r}{\lambda}\left(\frac{R_M}{\sqrt{\rho^2 + R_M^2}} \right) \tag{3-48}$$

式中，R_M 是弹丸到脱靶点的距离，则

$$R_M = V_r|t| \tag{3-49}$$

设 $V_r = 1\,000$ m/s，$f_0 = 3$ GHz，$R_M = 20$ m。令脱靶量分别为 8、5、3、2、1、0 m，可得如图 3 - 8 所示的不同脱靶量时多普勒频率随时间的变化。

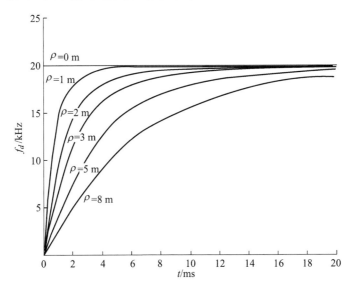

图 3 - 8　不同脱靶量多普勒频率随时间变化的特征曲线

由图可见，脱靶量越小，曲线的斜率越大，也就是多普勒频率开始变化得晚，但多普勒频率开始变化后，频率变化快；脱靶量大时相反。

另外，图 3 - 8 还表示了一种特殊情况，即 $\rho = 0$ 的情况，此时弹丸与目标直接撞击。将 $\rho = 0$ 代入式（3 - 45），可知多普勒频率为一个不随时间变化的常数，并且此时多普勒频率值即是弹目距离较远时的多普勒频率最大值 $f_{d\max}$。

下面研究不同脱靶量情况下多普勒频率变化量的规律。时间 t 内多普勒频率变化：

$$\Delta f_d = \frac{2V_r}{\lambda}\left[\frac{R_{MP}}{\sqrt{\rho^2 + R_{MP}^2}} - \frac{R_{MP} - V_r t}{\sqrt{\rho^2 + (R_{MP} - V_r t)^2}} \right] \tag{3-50}$$

式中，R_{MP} 是某时刻弹丸到脱靶点的距离；Δf_d 是时间 t 后多普勒频率的变化量。不同脱靶量时多普勒频率变化量与时间的对应关系如图 3 - 9 所示，0 时刻为脱靶点时刻。

弹目初始距离固定，不同脱靶量时到达脱靶点的时刻不同。脱靶量越大，达到脱

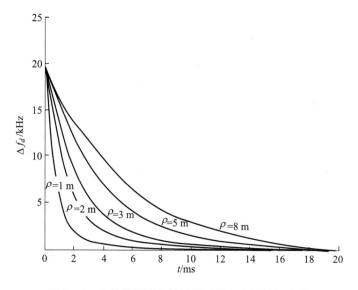

图 3 – 9　多普勒频率变化量随时间变化的特征曲线

靶点越早。

以上的多普勒频率和频率变化量的特征曲线的横轴是时间。实际应用中，希望能得到多普勒频率及其变化量与弹目距离之间的关系，这样对炸点的判断更加直观。将时间和距离进行转换：

$$(V_r \mid t \mid)^2 + \rho^2 = R^2 \tag{3-51}$$

得到如图 3 – 10 所示的多普勒频率及其变化量随距离变化的特征曲线。

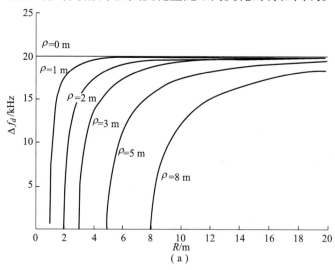

(a)

图 3 – 10　多普勒频率及其变化量随弹目距离变化的特征曲线

(a) 多普勒频率随弹目距离变化的特征曲线

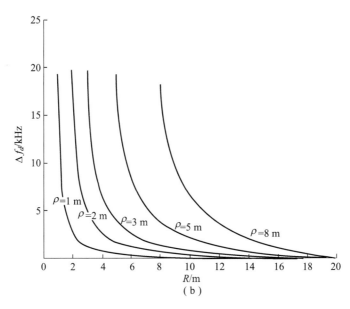

图 3 - 10　多普勒频率及其变化量随弹目距离变化的特征曲线（续）

（b）多普勒频率变化量随弹目距离变化的特征曲线

3. 多普勒频率与弹目相对速度关系

图 3 - 11 给出了两种不同相对速度时，两组多普勒频率的变化。由图可见，弹目相对速度越大，相同脱靶量情况下，多普勒频率越高。式 $f_{d\max} = \dfrac{2V_r}{\lambda}$ 也可以说明这一点。同时，弹目相对速度越大，相同脱靶量情况下，对应同一时刻多普勒频率的变化率越大。

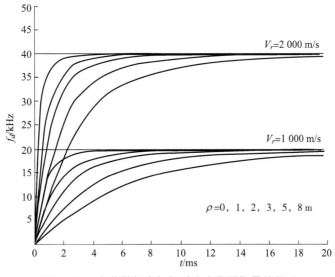

图 3 - 11　多普勒频率与相对速度及脱靶量的关系

根据以上分析，弹目交会过程中的多普勒频率的变化特征如下。

1）弹丸未直接命中目标，有一定脱靶量。

①弹目相距较远（一般取 $R > 2\rho$）时，多普勒频率具有最大值 $f_{d\max} = \dfrac{2V_r}{\lambda}$。

② $R = 2\rho$ 后，多普勒频率开始逐渐降低，到脱靶点降至最低。之后弹目远离，多普勒频率逐渐回升。

③脱靶量大时，多普勒频率开始变化早，在弹目距离较大时即开始变化，但多普勒频率变化率小；脱靶量小时，多普勒频率开始变化晚，弹目距离较小时才开始变化，但多普勒频率变化率大。

2）弹丸直接命中目标时，脱靶量为零，多普勒频率为一常数，与弹目距离较远时的最大值相同。

以上多普勒频率及其变化量随不同脱靶量及弹目相对速度的变化特征将作为"触发优先"判据，以及最佳炸点控制的基础和依据。

3.3.2　目标特性分析

目标特性涉及入射和散射空－时信号的能量、频率、极化等各种参量，第1章第1.5节中从雷达反射截面积角度讨论了目标特性，在此分析不同交会情况下，点目标、多点目标、面目标和体目标的目标特性，重点分析目标回波信号和多普勒频率特性。

1. 点目标

点目标情况下多普勒信号的变化规律在众多文献中可见，自差机输出的多普勒信号：

$$U_d(t) = U_{\Omega m}\cos(\omega_d t - \varphi_0) \tag{3-52}$$

式中，$U_{\Omega m}$ 为多普勒信号幅值：

$$U_{\Omega m} = \frac{S_A \lambda_0 DF^2(\varphi)\sqrt{\sigma}}{4\pi\sqrt{\pi}R^2} \tag{3-53}$$

S_A 为自差收发机的探测灵敏度；σ 为目标的雷达截面积；R 为弹目距离；D 和 $F(\varphi)$ 分别为天线的方向系数和方向函数，这两个参数都用来说明天线的方向性，方向性函数以函数的形式表现了天线辐射场的分布情况，方向系数是天线方向性强弱的集中体现，如对于 z 方向电基本振子，$f_\vartheta = \sin\theta, f_\varphi = 0$。式（3-53）中，$F(\varphi)$ 为归一化的方向函数。一般情况下，天线会将大部分辐射功率投放在以某个特定方向 (θ_m, φ_m) 为中心的空域内，这就是主波束。主波束越窄，天线的方向系数就越大。方向系数定义为天线的最大辐射功率密度与平均功率密度之比。如对于电基本振子，实际辐射功率：

$$P_\Sigma = \oiint |f(\theta,\varphi)|^2 d\Omega = \int_0^{2\pi} d\varphi \int_0^\pi |f(\theta,\varphi)|^2 \sin\theta d\theta \tag{3-54}$$

以最大辐射方向为准的均匀辐射功率：

$$P_{\max} = \oiint |f(\theta_m, \varphi_m)|^2 \mathrm{d}\Omega = |f(\theta_m, \varphi_m)|^2 \oiint \mathrm{d}\Omega = 4\pi f_{\max}^2 \qquad (3-55)$$

方向系数：

$$D = \frac{P_{\max}}{P_\Sigma} = \frac{4\pi f_{\max}^2}{\int_0^{2\pi} \mathrm{d}\varphi \int_0^\pi |f(\theta, \varphi)|^2 \sin\theta \mathrm{d}\theta} = \frac{2 f_{\max}^2}{\int_0^\pi |f(\theta)|^2 \sin\theta \mathrm{d}\theta} \qquad (3-56)$$

将 $f(\theta) = \sin\theta$ 代入式（3-56），得到 $D = 1.5$，即电基本振子的方向系数为 1.5。

另外一种天线的方向图形状为中心轴垂直于环平面的苹果形，通过测试可得 $D = 1.25$，$F(\varphi) = 1$。在后续的分析和仿真中，选用这两个天线方向图的参数做说明。

（1）回波特性

由式（3-53）可见，多普勒信号幅度与弹目距离的平方成反比，弹目越接近，多普勒信号幅度越大。图 3-12 所示为近炸情况下（$\rho \neq 0$）弹目交会示意图。

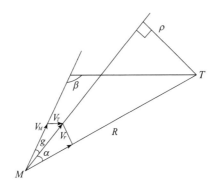

图 3-12　近炸弹目交会图

由图有：

$$R = \frac{\rho}{\sin\alpha} \qquad (3-57)$$

弹目交会过程中，ρ 不变，α 角随时间变大，表示为时间的函数 $\alpha(t)$。将式（3-57）带入式（3-52）、式（3-53），得出：

$$U_d(t) = \frac{S_A \lambda_0 D F^2(\varphi) \sqrt{\sigma}}{4\pi \sqrt{\pi} \rho^2} \sin^2\alpha(t) \cos(\omega_d t - \varphi_0) \qquad (3-58)$$

设 $k = \dfrac{S_A \lambda_0 D F^2(\varphi) \sqrt{\sigma}}{4\pi \sqrt{\pi} \rho^2}$，为固定常数，当 $\alpha(t)$ 按着某种规律随时间 t 变化时，回波信号成为时间的函数，可得出图 3-13 所示的多普勒信号。

（2）多普勒频率特性

式（3-52）中，ω_d 为多普勒角频率：

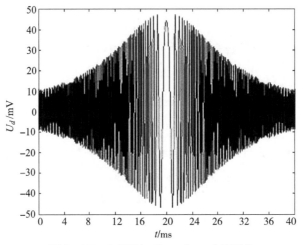

图 3 – 13 点目标情况 $\rho = 5$ m 时的回波

$$\omega_d = 2\pi f_d = 2\pi \cdot \frac{2V_R}{\lambda} \qquad (3-59)$$

弹目交会过程中，多普勒频率逐渐降低，在脱靶点，多普勒频率降为最低，然后弹目逐渐远离，多普勒频率又会上升。对于弹丸和目标可以直接撞击的情况，已推导出弹目交会过程中多普勒频率保持不变的结论。分别对脱靶和相碰时的回波信号做频谱分析，图 3 – 14 给出了在脱靶量为 5 m 时的多普勒频率变化情况，取 $\lambda = 0.1$ m，$V_r = 1\ 000$ m/s，弹目接近过程中，随着 α 逐渐变大，多普勒频率逐渐降低。图 3 – 15 为

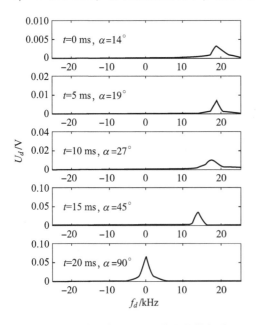

图 3 – 14 点目标 $\rho = 5$ m 的多普勒频谱

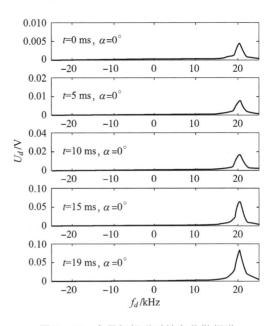

图 3 – 15 点目标相碰时的多普勒频谱

与目标直接相碰时的多普勒频率变化，弹目接近过程中，多普勒信号只是幅度逐渐加大，其频率并没有变化。

2. 多点目标

（1）回波特性

设目标由多个点组成，利用目标上不同散射点合成的方法得到目标散射的回波特性模型。目标上每个散射点由于其位置和散射强度的不同，对总回波的贡献也不同。图 3-16 是三个不同散射点合成建立目标特性模型的示意图。

图中 f 为引信，a、b、c 为目标上的三点，V_M 为弹丸速度，V_T 为目标速度，V_r 为弹目相对速度，V_R 为弹目接近速度，ρ 为脱靶量，R 为弹目距离。

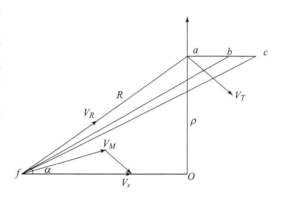

图 3-16　三点目标弹目交会模型

假设目标特性由图中 a、b、c 三个散射点决定，图中以脱靶点为坐标原点，V_r 位于 x 轴上。对于多点目标，将式（3-53）得到的各点回波进行叠加。设引信的工作波长为 $\lambda = 0.1$ m，弹目相对速度 $V_r = 1\,000$ m/s。取 a、b 及 b、c 间距均为 40λ，得到图 3-17 所示回波信号。

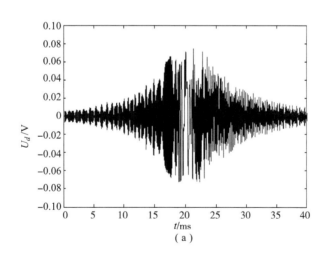

图 3-17　三点目标的目标回波

（a）三点目标的目标回波信号

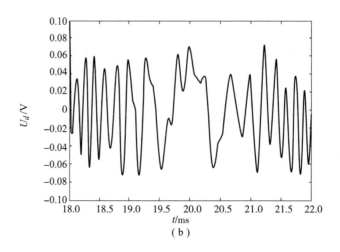

图 3 – 17　三点目标的目标回波（续）

（b）回波信号交会点处细化波形

由图 3 – 17 可见，对于多点目标，多普勒信号已表现出体目标效应。

（2）多普勒频率特性

目标上不同散射点对多普勒频谱的贡献不同，使多普勒频谱呈现一定的宽度。

图 3 – 18 为 $\rho = 5$ m 时三点目标的多普勒信号频谱的变化，频谱有所展宽，并且越接近脱靶点，频谱展宽效果越明显。图 3 – 19 为对目标回波进行频谱分析得到的多普勒频率随时间的变化，多普勒频谱会出现在两条边界频率线内。

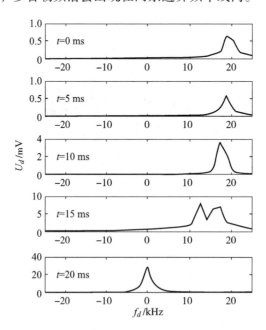

图 3 – 18　三点目标 $\rho = 5$ m 时的多普勒频率

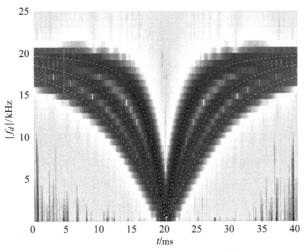

图 3 – 19　三点目标 $\rho = 5$ m 时的多普勒频率变化

3. 面目标

（1）回波特性

研究多点目标回波特性的方法是将各点的回波进行叠加，对于面目标，则是对各点回波进行面积分。

将式（3 – 53）代入式（3 – 52），整理可得多普勒信号为：

$$U_d = \frac{S_A \lambda_0 DF^2(\Phi)\sqrt{\sigma}}{4\pi\sqrt{\pi}R^2}\cos\left(\frac{4\pi R}{\lambda} - \varphi_0\right) = k\frac{1}{R^2}\cos\left(\frac{4\pi R}{\lambda} - \varphi_0\right) \qquad (3 - 60)$$

对式（3 – 60）求导可得：

$$\mathrm{d}U_d = U_d'\mathrm{d}R \qquad (3 - 61)$$

式中，

$$U_d' = -k\frac{1}{R^3}\cos\left(\frac{4\pi R}{\lambda} - \varphi_0\right) - \frac{4\pi k}{\lambda}\frac{1}{R^2}\sin\left[\cos\left(\frac{4\pi R}{\lambda} - \varphi_0\right)\right] \qquad (3 - 62)$$

设面目标长为 L_x，宽为 L_y，面目标上某个单元的坐标为 (x, y)，如图 3 – 20 所示，则

$$R = \sqrt{x^2 + y^2} \qquad (3 - 63)$$

则

$$\mathrm{d}R = \frac{x}{\sqrt{x^2 + y^2}}\mathrm{d}x + \frac{y}{\sqrt{x^2 + y^2}}\mathrm{d}y \qquad (3 - 64)$$

则有

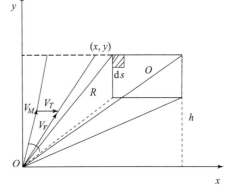

图 3 – 20　面目标示意图

$$dU_d = -k\frac{x+y}{(x^2+y^2)^2}\cos\left(\frac{4\pi\sqrt{x^2+y^2}}{\lambda}-\varphi_0\right)-$$

$$\frac{4\pi k}{\lambda}\frac{x+y}{(\sqrt{x^2+y^2})^3}\sin\left[\cos\left(\frac{4\pi\sqrt{x^2+y^2}}{\lambda}-\varphi_0\right)\right]dxdy$$

$$= f(x)dxdy \tag{3-65}$$

$$U_d = \int dU_d = \int_{l_x}^{l_x+L_x}\int_{l_y}^{l_y+L_y}f(x)dxdy \tag{3-66}$$

面目标尺寸分别为 1 m×1 m、4 m×4 m，引信的工作波长为 λ=0.1 m，弹目相对速度 V_r=1 000 m/s。

图 3-21 所示是 1 m×1 m 面目标在脱靶量为 5 m 和 8 m 时的多普勒信号，其中上图是多普勒信号，下图是其局域波形。图 3-22 所示是 4 m×4 m 面目标在脱靶量为 5 m 和 8 m 时的多普勒信号。

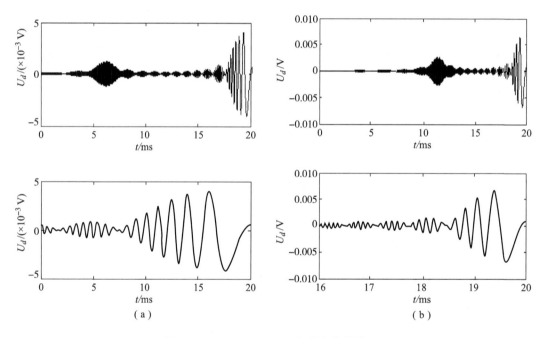

图 3-21　1 m×1 m 面目标的多普勒信号

（a）ρ=5 m；（b）ρ=8 m

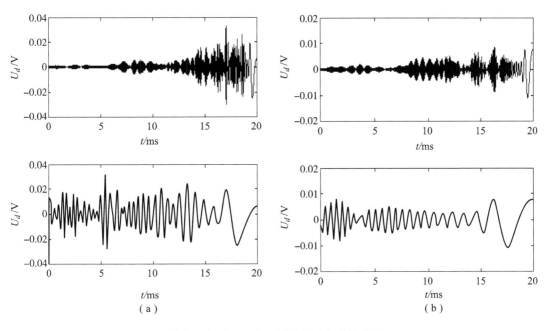

图 3 – 22　4 m × 4 m 面目标的多普勒信号

（a）$\rho = 5$ m；（b）$\rho = 8$ m

（2）多普勒频率特性

面目标多普勒频率随时间的变化如图 3 – 23 所示，可见多普勒频率在一定范围变化，虚线分别表示多普勒频率的变化上下限。

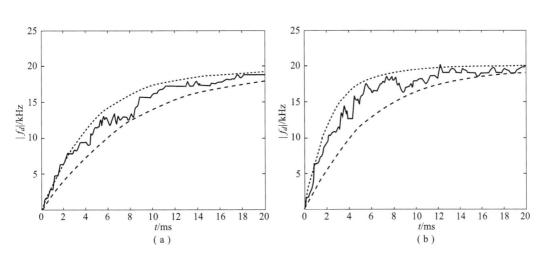

图 3 – 23　4 m × 4 m 面目标多普勒频率随时间的变化

（a）$\rho = 5$ m；（b）$\rho = 8$ m

以上模型的建立认为目标上各点的雷达截面积相同，即式（3-53）中 $\sqrt{\sigma}$ 的值对于目标上各点来说是相同的。实际体目标情况下，目标上各个有效散射点处的雷达截面积是不同的，它们对于回波的贡献也不同。此时可以运用单元分解法，对复杂体目标建模，首先可把目标分解为一些简单几何形体的组合，如圆柱体、椭圆体、平板、尖劈等。之后将所有散射点取在各个分解的几何形体上，根据物理光学法和物理绕射法等高频方法确定有效散射点的散射特性，并得到各点的回波。最后将从各个散射点获得的回波进行矢量加和，得到总回波信号。

3.4 "触发优先、近炸为辅"多普勒无线电引信

"触发优先、近炸为辅"多普勒无线电引信含义如下：

①引信自主判断是否与目标直接撞击，如果能与目标直接撞击，则不启动近炸模式。

②如果不能够与目标直接撞击，则采用近炸模式。

本节讨论弹丸和目标速度共面时，弹目相碰情况下的多普勒频率变化规律。本节主要讨论点目标情况。

弹目交会过程中，多普勒频率为

$$f_d = \frac{2}{\lambda}\sqrt{V_M^2 + V_T^2 - 2V_M V_T \cos\beta}$$

弹目相碰情况下，多普勒频率保持不变，根据 β 的不同情况，分为三种弹目交会情况：

（1）$\beta = 0$

$$f_{d\min} = \frac{2}{\lambda}\sqrt{V_M^2 + V_T^2 - 2V_M V_T} \tag{3-67}$$

此时是弹目同向飞行的情况，多普勒频率保持不变，记为 $f_{d\min}$。

（2）$\beta = \pi$

$$f_{d\max} = \frac{2}{\lambda}\sqrt{V_M^2 + V_T^2 + 2V_M V_T} \tag{3-68}$$

此时是弹目相对飞行的情况，多普勒频率保持不变，记为 $f_{d\max}$。

（3）$0 < \beta < \pi$

$$f_d = \frac{2}{\lambda}\sqrt{V_M^2 + V_T^2 - 2V_M V_T \cos\beta} \tag{3-69}$$

此时弹目成一定角度飞行，多普勒频率 $f_{d\min} < f_d < f_{d\max}$，并且保持不变。

以上三种情况交会示意图如图 3-24 所示。

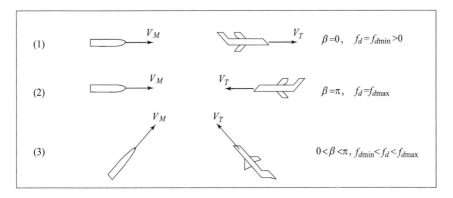

图 3 – 24　触发弹目交会图

　　如果弹丸与目标能够直接撞击，那么在弹目交会过程中，弹目相对速度和弹目接近速度一定保持相等，这也可以作为"触发优先、近炸为辅"的判决：

$$V_R = V_r \tag{3 – 70}$$

$$\alpha = 0 \tag{3 – 71}$$

第4章　伪码调相无线电引信

根据调制信号的类型分类，噪声引信可以分为随机信号调制无线电引信和伪随机码调制无线电引信。根据发射机的调制方法分类，噪声引信可分为频率调制（相位调制）和幅度调制两种。其中，随机信号调制引信一般采用调频体制，伪随机码调制引信多采用调相体制。根据信号处理方法分类，可分为相关法、逆相关法和频谱法三种。其中，随机信号调制引信多采用反相关法，伪随机码调制引信多采用相关法。

噪声引信是根据信号的统计特性进行分析处理，从而完成测距的系统。引信系统产生经调制信号调幅、调相或调频的高频电磁波信号并向外辐射。引信接收机接收经目标反射后的回波信号，对于近距离目标，回波信号相对发射信号延迟时间短，与发射信号的波形差异小；对于远距离目标，回波信号相对发射信号延迟时间长，与发射信号的波形差异大。即若比较回波信号与发射信号的差异，其结果与距离的统计特性有关。在零距离（无时间延迟）时，回波与发射信号相同且完全相关。在远距离处，回波与发射信号几乎不相关。因此，接收和发射的随机信号之间，存在从零距离上完全相关到远距离上不大相关的距离特性，这就是随机引信定距的基本出发点。

噪声引信具有较强的抗干扰性能和良好的距离、速度鉴别能力。除阻塞式干扰外，其他有源干扰都是通过侦搜引信发射信号并完成参数提取，模拟被干扰引信的有用回波信号，用强功率向外辐射干扰信号，从而实现对引信的有效干扰。周期调制信号的频谱及其有益信号的特征易被侦测和模拟，因而采用简单周期调制信号的引信易被干扰。但是，对于噪声调制（非周期调制）信号的频谱及其有益信号特征的侦测相对困难得多且耗时更长，在噪声引信短暂的工作时间内无法及时造成有效的干扰。即使是阻塞式干扰，由于很难做到高的干扰功率密度，且干扰信号难以与引信的噪声调制信号相关，因此噪声引信受阻塞式干扰的影响大为降低。

随机信号调制引信的调制信号通常服从高斯分布，且功率谱在很宽的频带内都是均匀的，随机信号调制引信尽管在原理上很理想，但实现上有困难。而伪随机码调制引信由随机噪声调制演化而来，不但有近似于噪声调制的性能，且容易实现，同时信号处理较容易。伪随机码是一个预先确定的序列，不仅可以重复地产生和复制，而且具有某种随机序列的随机特性。

伪随机码调制体制引信采用编码结构，按波形可分为伪码调相脉冲体制引信和伪码调相连续波体制引信两种。本章主要介绍伪码调相连续波体制无线电引信。

4.1　伪码调相无线电引信工作原理

伪码调相连续波引信是利用伪随机码对高频载波信号进行 0/π 调相后作为发射信号的一种引信。图 4-1 所示为伪码调相连续波引信的原理框图。该引信系统主要由发射天线、0/π 调相器、伪随机码信号发生器、射频振荡源、本地延时器、接收天线、混频器、低通滤波器、恒虚警放大器、相关器及信号处理器等模块电路组成。

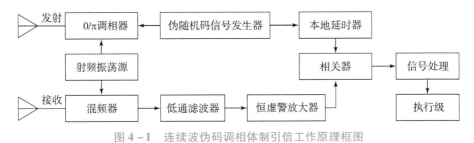

图 4-1　连续波伪码调相体制引信工作原理框图

伪码调相连续波引信通过射频振荡源产生高频连续载波信号，由伪随机码信号发生器产生的伪随机码在 0/π 调相器中对其进行相位调制，调制后的射频信号相对于原射频信号的相位为 0°或 180°，已调制的信号通过发射天线向外辐射；伪码调相引信将接收天线接收到的回波信号经低噪声放大后送至混频器，与射频振荡源提供的本振信号混频，经低通滤波器和恒虚警放大后输出伪码的视频信号，视频信号与经本地延时后的伪随机码信号（即本地延迟码）在相关器中进行相关处理，得到含伪随机码自相关函数的相关处理输出信号。相关处理输出信号包含目标的距离、速度信息，经过信号处理器处理，当弹目距离达到预定的起爆距离时，触发执行级，产生引爆信号，引信就会适时地引爆战斗部。

4.2　伪码调相无线电引信信号分析

4.2.1　伪随机码信号分析

伪随机码是一个预先确定的序列，不仅可以重复地产生和复制，而且具有某种随机序列的随机特性。由于电子器件技术的不断提高，可以将伪随机码码元的宽度设计得很窄，这样可以得到足够的有效带宽，最终实现良好的距离分辨力和测距精度。利用编码逻辑生成的延迟参考码，很大程度上改善了测距的灵活性和精度。此外，码的周期重复性可以让谱线离散，部分不相关的杂波将会被过滤掉。利用伪随机码的这两个特性，可以从干扰信号中将它轻易识别和分离出来。

m 序列是一种典型的伪随机序列，其具有易产生、规律性强等优点，被广泛应用在噪声引信上。

伪随机码的基本性质：

（1）均衡性

在伪随机码的一个周期中，"0"与"1"的数目基本相等。准确地说，"1"的数目比"0"的数目多 1 个。

（2）游程分布

把 n 个相同元素连续出现叫作一个长度为 n 的元素游程。长度为 k 的游程数目占游程总数的 2^{-k}。此外，在长度为 k 的游程中，"连 0"的游程和"连 1"的游程各占游程总数的一半。

（3）移位相加特性

伪随机码序列 M_p 和其经过任意次延迟位移产生的另一个不同的序列 M_r 模 2 相加，得到的仍是 M_p 的某次延迟位移序列 M_s，即

$$M_p \oplus M_r = M_s \tag{4-1}$$

（4）自相关函数

伪随机序列具有非常重要的自相关特性。以 m 序列为例，利用 m 序列产生的周期性连续的伪随机码信号可表示为

$$p(t) = \sum_{k=-\infty}^{+\infty} \sum_{i=0}^{P-1} \text{rect}\left(\frac{t - \frac{T_c}{2} - iT_c - kT_r}{T_c}\right) C_i \tag{4-2}$$

式中，i 为某一个周期中第 i 个码元；P 为伪随机码序列的长度；T_c 为码元的宽度；$T_r = PT_c$，为伪随机码的周期；$C_i = \{+1, -1\}$，为双极性 m 序列；$\text{rect}(t/T_c) = \begin{cases} 1, & |t| \leq T_c/2 \\ 0, & \text{其他} \end{cases}$。图 4-2 所示为 $P = 15$，$T_c = 50$ ns 时的周期连续 m 序列信号的波形。

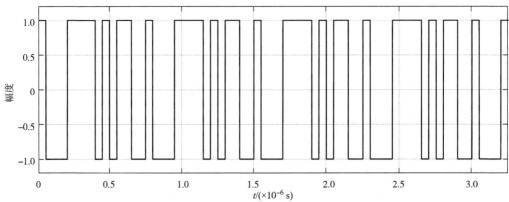

图 4-2 $P = 15$，$T_c = 50$ ns 时的周期连续 m 序列信号波形图

伪随机码信号的自相关函数可表示为

$$R(\tau) = \frac{1}{PT_c} \sum_{i=0}^{P-1} p(iT_c) p(iT_c + \tau) \tag{4-3}$$

由此可得 m 序列信号的自相关函数为

$$R_{pp}(\tau) = \begin{cases} 1 - \dfrac{P+1}{PT_c} |\tau - kT_r|, & |\tau - kT_r| \leqslant T_c \\ -\dfrac{1}{P}, & \text{其他} \end{cases} \tag{4-4}$$

图 4-3 所示为 $P = 15$，$T_c = 50$ ns 时，周期连续 m 序列信号的自相关函数。可见，其自相关函数是以 T_r 为周期的函数，相关函数的主瓣宽度为两个码元宽度 $2T_c$，副瓣与主瓣之比为 $-1/P$，仅与伪随机码序列的长度有关。并且当伪随机码序列的周期足够大，码元宽度足够小时，其自相关函数的形状就越近似于冲激函数的形状。

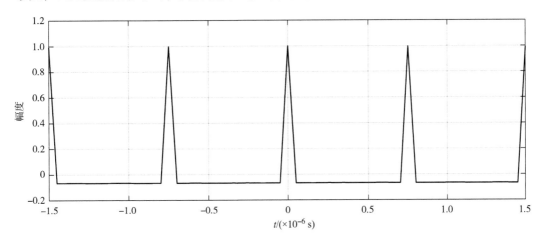

图 4-3　$P = 15$，$T_c = 50$ ns 时，周期连续 m 序列信号的自相关函数

（5）功率谱

由于功率谱函数 $G(f)$ 与自相关函数 $R_{pp}(t)$ 构成一组傅里叶变换对。对其自相关函数进行傅里叶变换，可推导得伪随机码信号的功率谱函数为

$$G(f) = \frac{1}{P^2} \delta(f) + \frac{P+1}{P^2} \left(\frac{\sin \pi f T_c}{\pi f T_c} \right)^2 \sum_{\substack{k=-\infty \\ k \neq 0}}^{\infty} \delta\left(f - \frac{k}{PT_c} \right) \tag{4-5}$$

周期连续 m 序列信号的功率谱如图 4-4 所示。

m 序列的功率谱具有如下特点：

①自相关函数具有周期性（周期为 $T_r = PT_c$），其功率谱是一个线状谱，谱线间隔为 $1/(PT_c)$。即谱线是处于 m 序列波形的基频 $f = 1/(PT_c)$ 及其各次谐波频率上。

②除直流分量外，各谱线的强度为 $\dfrac{P+1}{P^2} \left(\dfrac{\sin \pi f T_c}{\pi f T_c} \right)^2$。由于序列波形是幅度恒定的

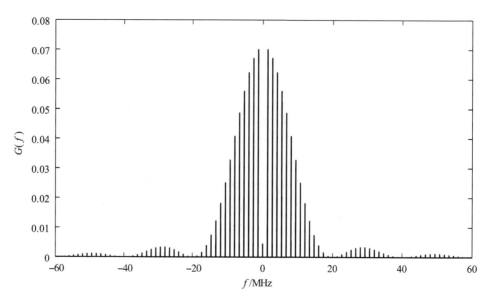

图 4-4　周期连续 m 序列信号的功率谱

方波，故具有恒定的功率。除零频率分量外，各谱线强度近似地与序列周期 P 成反比。

③直流分量强度为 $1/P^2$，与伪码序列长度的平方成反比；谱线包络由码元宽度 T_c 决定，而与序列的周期无关，从而功率谱的频带带宽取决于码元宽度 T_c。

综上所述，m 序列可用于伪码调相引信测距，可以提高测距精度并增强抗干扰能力。

（6）伪噪声特性

如果对一个正态分布白噪声取样，若取样值为正，记为 +1；取样值为负，记为 -1。将每次取样所得极性排成序列，可以写成

$$\cdots,\ +1,\ -1,\ +1,\ +1,\ +1,\ -1,\ -1,\ +1,\ -1,\ \cdots$$

这是一个随机序列，具有如下基本性质：

①序列中 +1 和 -1 出现的概率相等。

②序列中 +1 和 -1 游程数目相等。游程长度为 1 的占 1/2，游程长度为 2 的占 1/4，游程长度为 3 的占 1/8，游程长度为 k 的占总游程数的 2^{-k}。

③由于白噪声的功率谱为常数，因此其自相关函数为一冲击函数 $\delta(t)$。

正态分布白噪声抽样序列的性质与伪随机码的极为相似。

4.2.2　伪码调相连续波信号分析

假设运动点目标相对探测系统做径向匀速运动，且弹目相对速度为 v，目标与探测系统之间的距离 $R(t)$ 可表示为

$$R(t) = R_0 - vt \tag{4-6}$$

式中，R_0 为目标与探测系统之间的初始距离。

伪码调相连续波引信的发射信号可表示为

$$U_T(t) = U_t \cos[2\pi f_c t + \pi m(t)] = U_t p(t) \cos(2\pi f_c t) \qquad (4-7)$$

式中，U_t 为发射信号的幅度；f_c 为载波频率；$m(t)$ 为 （0，1） 组成的伪随机码序列；$p(t)$ 为与 $m(t)$ 同构的伪随机序列 （-1，1）；设初始相位为零。图 4-5 和图 4-6 分别为伪码调相连续波引信发射信号的时域波形图和功率谱。

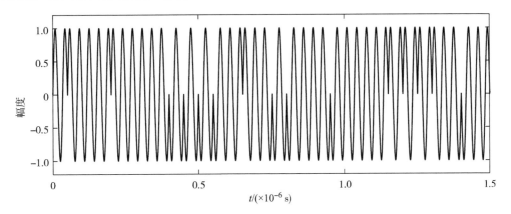

图 4-5 发射信号的时域波形图 （f_c = 30 MHz，P = 15，T_c = 50 ns）

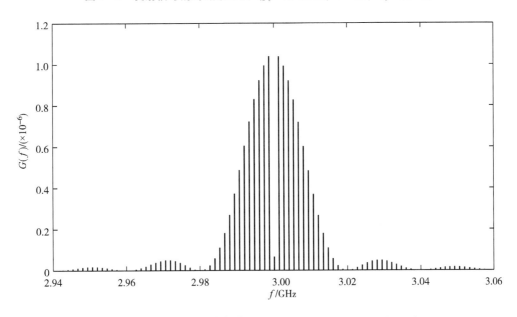

图 4-6 发射信号的功率谱 （f_c = 3 GHz，P = 15，T_c = 50 ns）

发射信号遇到目标时发生发射，反射信号被接收机接收。忽略信号传播过程的干扰和天线的方向性，接收机接收的回波信号是发射信号经幅度衰减和时间延时的信号，可表示为

$$U_R(t) = U_r p(t - \tau) \cos[2\pi f_c(t - \tau)] \tag{4-8}$$

式中，U_r 为回波信号的幅度；延时 τ 为时间的函数。由于 t 时刻接收到的回波信号是 $t - \tau$ 时刻的发射信号经 $\frac{1}{2}\tau$ 时间照射到目标后返回被接收机接收的信号，因此有

$$R\left(t - \frac{1}{2}\tau\right) = R_0 - v\left(t - \frac{1}{2}\tau\right) = \frac{1}{2}\tau c \tag{4-9}$$

即

$$\tau = \frac{2R(t)}{c - v} \tag{4-10}$$

式中，$c = 3 \times 10^8$ m/s，为光速。当 $v \ll c$ 时，

$$\tau \approx \frac{2R(t)}{c} = \frac{2R_0}{c} - \frac{2v}{c}t \tag{4-11}$$

则回波信号可表示为

$$U_R(t) = U_r p(t - \tau) \cos\left[2\pi f_c\left(t - \frac{2R_0}{c} + \frac{2v}{c}t\right)\right] \tag{4-12}$$

式中，$2R_0/c = \tau_0$，为目标回波的延时；$(2v/c)f_c = f_d$，为目标回波的多普勒频移。这里对临近目标的 f_d 取正值，于是回波信号的表达式为

$$
\begin{aligned}
U_R(t) &= U_r p(t - \tau) \cos\left[2\pi f_c\left(1 + \frac{2v}{c}\right)t - 2\pi f_c \tau_0\right] \\
&= U_r p(t - \tau) \cos[2\pi(f_c + f_d)t + \varphi_0] \tag{4-13}
\end{aligned}
$$

式中，$\varphi_0 = -2\pi f_c \tau_0$。

本振信号 U_L 可表示为

$$U_L(t) = U_l \cos(2\pi f_c t + \theta_0) \tag{4-14}$$

式中，U_l 为本振信号的幅度；θ_0 为本振信号的初始相位。

回波信号与本振信号通过混频器进行混频得到的信号可表示为

$$U_{RL}(t) = \frac{1}{2}U_r U_l p(t - \tau)\{\cos(2\pi f_d t + \varphi_0 - \theta_0) + \cos[2\pi(2f_c + f_d)t + \varphi_0 + \theta_0]\}$$

$$\tag{4-15}$$

该信号经低通滤波器滤去高次谐波分量及高频信号，并经恒虚警放大器放大后，得信号为

$$U_I(t) = U_i p(t - \tau) \cos(2\pi f_d t + \varphi') \tag{4-16}$$

式中，U_i 为视频输出信号的幅度；相位 $\varphi' = \varphi_0 - \theta_0$。

由该表达式可知，经混频、滤波及恒虚警放大后的信号是带有延迟的伪随机码信号与多普勒信号的乘积。观察该视频信号波形，可以看到，经过混频、滤波、放大处理后的视频信号不仅码字延时了，有一个包络，经混频滤波后，输出信号的时域波形如图 4-7 所示。其中延时由目标距离信息决定，而包络的频率则由目标相对于探测系

统径向运动信息决定。如何精确检测和估计这两个参数是非常重要的。

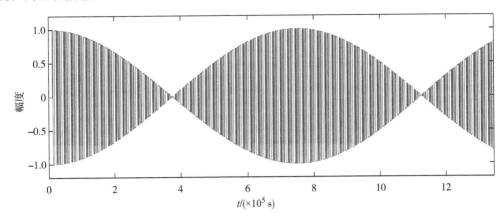

图 4 - 7　混频滤波后输出信号时域波形图

设伪随机码发生器产生的伪随机码经本地延迟器延迟的时间为 τ_d ，则相应的延迟器输出信号表示为

$$p_d(t) = p(t - \tau_d) \tag{4-17}$$

将 $U_I(t)$ 与本地延迟信号 $p_d(t)$ 进行相关处理，则相关器的输出信号为

$$
\begin{aligned}
R(t) &= \frac{1}{T_r}\int_0^{T_r} U_I(t)p_d(t)\,\mathrm{d}t \\
&= \frac{U_i}{T_r}\int_0^{T_r} p(t - \tau)p(t - \tau_d)\cos(2\pi f_d t + \varphi')\,\mathrm{d}t
\end{aligned}
$$

$$\tag{4-18}$$

式中，若选择伪随机码信号的周期远小于多普勒信号的周期，即令 $T_r \ll 1/f_d$ ，则此时在一个伪随机码信号周期内，多普勒信号的幅度基本保持不变。此时，可将上式中的多普勒信号 $\cos(2\pi f_d t + \varphi')$ 提到定积分符号外，相关器的输出信号可改写为

$$
\begin{aligned}
R(t) &= \frac{U_i}{T_r}\int_0^{T_r} p(t - \tau)p(t - \tau_d)\,\mathrm{d}t \cdot \cos(2\pi f_d t + \varphi') \\
&= U_i R_M(\tau - \tau_d)\cos(2\pi f_d t + \varphi')
\end{aligned}
\tag{4-19}
$$

式中，$R_M(\tau - \tau_d)$ 为伪随机码的自相关函数。相关器的输出信号 $R(t)$ 是伪随机码的自相关函数 $R_M(\tau - \tau_d)$ 和多普勒信号 $\cos(2\pi f_d t + \varphi')$ 的乘积。并且当 $\tau = \tau_d$ 时，相关器输出信号幅度最大。图 4 - 8 所示为相关器输出经过归一化后的归一化相关输出值与弹目距离之间的关系图。由图可知，当引信与目标之间的弹目距离与引信的定距值（$R = 30\ \mathrm{m}$）一致时，引信输出归一化相关值达到最大值 1。

相关器输出信号经过幅度检波后，进入比较器进行阈值检测，当检波输出达到阈值时，比较器输出启动脉冲，触发执行级产生引爆信号。

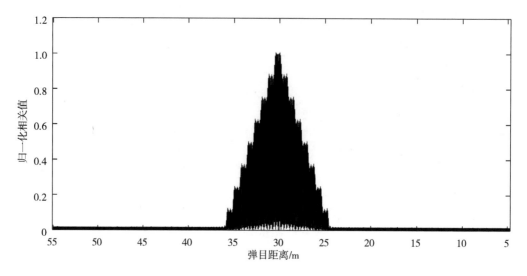

图 4 - 8　相关器输出归一化相关值与弹目距离的关系

4.3　伪码调相无线电引信定距算法与关键技术

4.3.1　伪码调相引信定距原理

伪随机码定距的主要思想是利用伪随机码良好的自相关特性。若 m 序列的码长为 P，码元宽度为 T_c，选择伪随机码信号的周期远小于多普勒信号的周期，则在一个伪随机码信号周期内，多普勒信号的幅度基本保持不变，可忽略多普勒效应的影响。取单个周期的归一化自相关函数波形如图 4 - 9 所示。

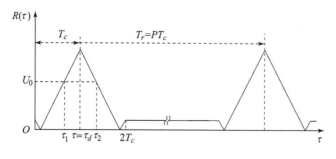

图 4 - 9　归一化自相关函数

在自相关函数中，$\tau = 2R/c$（$c = 3 \times 10^8$ m/s 为光速，R 为弹目距离），即回波延时 τ 与弹目距离 R 一一对应。如图 4 - 9 所示，假设门限电平为 $0 < U_0 < 1$，其对应的回波延时分别为 τ_1 和 τ_2。根据归一化自相关函数的波形图，可分别求得每个延时所对应的弹目距离 R_1 和 R_2。列式如下：

$$\begin{cases} \dfrac{\tau_1}{T_c} = U_0, \tau_1 = \dfrac{2R_1}{c} \\[3mm] \dfrac{2T_c - \tau_2}{T_c} = U_0, \tau_2 = \dfrac{2R_2}{c} \end{cases} \qquad (4-20)$$

解得

$$\begin{cases} R_1 = \dfrac{U_0 T_c c}{2} \\[3mm] R_2 = \dfrac{(2 - U_0) T_c c}{2} \end{cases} \qquad (4-21)$$

当相关器输出超过门限电平时，比较器会输出启动脉冲，触发执行级。因此，伪随机码调相引信的作用距离为 $R_1 \sim R_2$。

4.3.2　伪码调相引信定距关键技术

1. 伪随机码信号发生器

在各种伪随机序列中，m 序列是一种典型的伪随机序列，其具有易产生、规律性强等优点，被广泛应用在噪声引信上。根据目前的资料，伪码体制引信采用的伪随机码都是 m 序列。下面介绍 m 序列的产生方法。

m 序列是最长线性反馈移位寄存序列的简称。它是带线性反馈的移存器产生的周期最长的序列。由于 n 级移位寄存器共有 2^n 种状态，除去全 "0" 状态外，还有 $2^n - 1$ 种状态。产生 m 序列的移位寄存器的网络结构不是随意的，m 序列的周期 P 也不是任意取值的，必须满足 $P = 2^n - 1$。

只要找到了本原多项式，就能由它构成 m 序列产生器，但是寻找本原多项式并不是很简单的。经过前人大量的计算，已将常用的本原多项式列成表备查。在制作 m 序列产生器时，移存器反馈线（及模 2 加法电路）的数目取决于本原多项式的项数。为了使 m 序列产生器的组成尽量简单，我们希望使用项数最少的那些本原多项式。

图 4-10 所示为一个 n 级的移位寄存器构成的 m 序列发生器。它由 n 个二元存储器和模 2 开关网络组成。二元存储器通常是一种双稳态触发器，它的两种状态记为 0 和 1，其状态取决于时钟控制下输入的信息（0 或 1），例如，第 i 级移位寄存器的状态取决于时钟脉冲后的第 $i-1$ 级移位寄存器的状态。

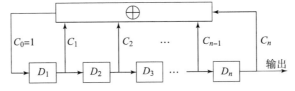

图 4-10　移位寄存器构成 m 序列发生器原理框图

图中，$C_0, C_1, \cdots, C_n$ 为反馈线，其中 $C_0 = C_n = 1$，表示反馈连接。因为 m 序列是由循环序列发生器产生的，因此 C_0 和 C_n 必须为 1，即参与反馈。而反馈系数 $C_1, C_2, \cdots,$ C_{n-1} 若为 1，则参与反馈；若为 0，则表示断开反馈线，无反馈连接。当反馈逻辑满足特定条件时，就可以产生所需的 m 序列。

2. 相关器

相关技术的实现，具体体现在测量相关函数的相关器上，相关函数可以看成是随机过程（或波形）的"相似性"的一种度量，对于满足遍历性条件的平稳随机过程，计算它们的相关函数时，可以用一个时间平均来代替概率平均。

相关函数的模拟定义式为：

$$R_x(\tau) = \frac{1}{T} \int_0^T x(t) x(t + \tau) \, dt$$

离散定义为：

$$R_x(i\Delta) = \frac{1}{N} \sum_{k=0}^{N-1} x(k\Delta) x((i + k)\Delta), i = 0, 1, 2, \cdots, M$$

相关器主要通过乘法器和积分器（累加器）等部件来实现。下面介绍应用于模拟信号的模拟式相关器和应用于数字信号的数字式相关器。

（1）模拟式相关器

模拟式相关器的原理框图如图 4 – 11 所示。由于模拟式相关器自身器件（乘法器、积分器）产生的误差，导致其精度较差，所以该相关器的使用受到了很大限制。但是，模拟式相关器的结构简单，测量方法单纯，因此有一定的应用范围。受现代数字技术实现的局限，目前在高频尤其是在射频波段，受电子器件水平的限制，在一些特定的应用场合仍需借助模拟器件来完成相关检测的功能。

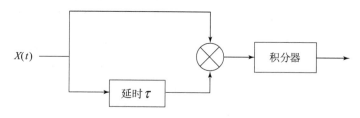

图 4 – 11　模拟式相关器原理框图

（2）数字式相关器

数字式相关器的原理框图如图 4 – 12 所示。数字式相关器包含了大量的乘法和加法运算，在进行实时运算时，要求乘法器和加法器必须有非常高的运算速度，普通的乘法器、加法器很难满足要求，为此，在实际电路中必须想办法降低电路系统对乘法器和加法器运算速度的要求。

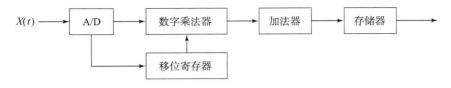

图 4 - 12　数字式相关器原理框图

4.4　伪码调相无线电引信抗干扰分析

伪码调相引信采用了扩谱技术，通过伪随机序列对载波信号进行相位调制，扩展了发射信号的频谱，因此伪码调相引信抗窄带干扰能力较好。同时，尽管扩谱信号的发射功率不小，但因频谱的扩宽，其功率谱密度可以很小，因此降低了被截获的概率。在接收端，通过对本地延迟后的伪随机码与回波信号进行相关处理，当两个信号同相（回波信号的延时与本地延时相同）时，得到最大的相关峰值。而窄带噪声与多径信号（由于传播时通过不同路径，因而经历不同时延后到达接收机的信号），因与发射信号不相关，其能量扩散在发送频带内。另外，信号通过一个窄带滤波器使所要的有用信号频谱通过，并且只让处于滤波器通带内的那部分干扰或噪声通过，这样就大大改善了输出信号的信噪比。

有源干扰在现代电子对抗中是一种主要的干扰形式。它可以同时干扰制导系统与无线电引信，干扰效果会更加显著。当对制导系统的干扰难以奏效时，干扰武器系统的最后一环——无线电引信，能够得到事半功倍的效果。对无线电引信的人为有源干扰与一般雷达的干扰基本相同，大体分为压制式干扰和欺骗式干扰两大类。压制式干扰的主要形式是噪声信号。按照对噪声信号的处理方式不同，压制式干扰一般可分为射频噪声干扰和噪声调制干扰（调幅、调频、调相）。

本节讨论压制式干扰对引信接收机的作用与影响，包括射频高斯噪声干扰、噪声调幅干扰和噪声调频干扰。

首先，建立伪码调相引信抗干扰性能分析模型，如图 4 - 13 所示。$U_i(t) = U_R(t) + J(t)$，为引信接收机接收的回波信号。其中，$U_R(t)$ 为引信发射信号经目标反射和时间延时后的有用信号；$J(t)$ 为自信道进入引信接收机的干扰信号。假设带通滤波器的中心频率为 f_0，通带宽度为 B 且 $f_0 = f_c$，$B \ll f_0$。该信号首先通过带通滤波器得到 $U_b(t)$，后经混频和低通滤波解调得到基带信号 $U_{bl}(t)$，最后经恒虚警放大后进入相关器与本地延迟码做相关处理。

以信干比增益作为衡量标准来定量研究引信抗噪声干扰的性能。通过对引信接收机对接收信号从带通滤波至相关检测后的信干比增益的推导，分析和讨论伪码调相无线电引信抗干扰的性能。

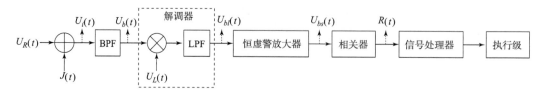

图 4 – 13　伪码调相引信抗干扰性能分析模型

4.4.1　伪码调相引信抗射频高斯噪声干扰分析

射频噪声干扰是一种压制式干扰，是将在一定频段内的高斯（正态）噪声放大到足够功率电平而发射的噪声干扰。

1. 高斯白噪声

若噪声的功率谱密度在所有频率上均为常数，即

$$G(f) = \frac{n_0}{2}(-\infty < f < +\infty) \quad \text{W/Hz} \qquad (4-22)$$

或
$$G(f) = n_0(0 < f < +\infty) \quad \text{W/Hz}$$

式中，n_0 为正常数，则称该噪声为白噪声，用 $n(t)$ 来表示。

式（4 – 22）为双边功率谱密度，如图 4 – 14（a）所示。

对式（4 – 22）取傅里叶反变换，可得白噪声的自相关函数为

$$R(\tau) = \frac{n_0}{2}\delta(\tau) \qquad (4-23)$$

如图 4 – 14（b）所示，对于所有的 $\tau \neq 0$，都有 $R(\tau) = 0$，这表明白噪声只在 $\tau = 0$ 时才相关，而在任意两个时刻（即 $\tau \neq 0$）的随机变量都是不相关的。

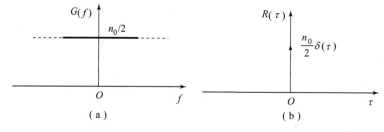

图 4 – 14　白噪声的功率谱密度与自相关函数
（a）功率谱密度；（b）自相关函数

当白噪声取值的概率分布服从高斯分布时，称为高斯白噪声。其一维概率密度函数为

$$f(x) = \frac{1}{\sqrt{2\pi}\sigma}\exp\left(-\frac{(x-m)^2}{2\sigma^2}\right) \qquad (4-24)$$

式中，m 和 σ^2 分别为高斯白噪声的均值和方差。

如果高斯白噪声通过理想矩形的带通滤波器或理想带通信道，则其输出的噪声称为带通白噪声。设带通滤波器的中心频率为 f_0，通带宽度为 B，则其输出噪声的功率谱密度为

$$G'(f) = \begin{cases} \dfrac{n_0}{2}, & f_0 - \dfrac{B}{2} \leqslant |f| \leqslant f_0 + \dfrac{B}{2} \\ 0, & \text{其他} \end{cases} \qquad (4-25)$$

自相关函数为

$$R'(\tau) = \int_{-\infty}^{\infty} G'(f)\mathrm{e}^{\mathrm{j}2\pi f\tau}\mathrm{d}f = \int_{-f_0-\frac{B}{2}}^{-f_0+\frac{B}{2}} \frac{n_0}{2}\mathrm{e}^{\mathrm{j}2\pi f\tau}\mathrm{d}f + \int_{f_0-\frac{B}{2}}^{f_0+\frac{B}{2}} \frac{n_0}{2}\mathrm{e}^{\mathrm{j}2\pi f\tau}\mathrm{d}f$$

$$= \frac{n_0}{\pi\tau}\sin(\pi B\tau)\cos(2\pi f_0\tau) = n_0 B\mathrm{sinc}(\pi B\tau)\cos(2\pi f_0\tau) \qquad (4-26)$$

通常，带通滤波器的 $B \ll f_0$，因此也称窄带滤波器，相应地，将带通白噪声称为窄带高斯白噪声。窄带高斯白噪声可表示为

$$n'(t) = a_n(t)\cos[\omega_0 t + \varphi_n(t)], a_n(t) \geqslant 0 \qquad (4-27)$$

式中，$a_n(t)$ 和 $\varphi_n(t)$ 分别为窄带高斯白噪声的随机包络和随机相位；ω_0 为正弦波的中心角频率。将式（4-27）进行三角函数展开，可以改写为

$$n'(t) = n_c(t)\cos\omega_0 t - n_s(t)\sin\omega_0 t \qquad (4-28)$$

式中，$n_c(t) = a_n(t)\cos\varphi_n(t)$ 和 $n_s(t) = a_n(t)\sin\varphi_n(t)$ 分别为 $n'(t)$ 的同相和正交分量。假设 $n'(t)$ 的均值为 0，方差为 σ_n^2，则

$$E[n'(t)] = E[n_c(t)] = E[n_s(t)] = 0 \qquad (4-29)$$

$$\sigma_n^2 = \sigma_c^2 = \sigma_s^2 \qquad (4-30)$$

式中，σ_c^2 和 σ_s^2 分别为同相分量和正交分量的方差。由式可见，$n'(t)$、$n_c(t)$、$n_s(t)$ 具有相同的平均功率。

2. 接收机总信干比增益推导

假设进入引信接收机的干扰信号 $J(t)$ 和有用信号 $U_R(t)$ 分别表示为

$$J(t) = n(t) \qquad (4-31)$$

$$U_R(t) = U_r p(t-\tau)\cos[2\pi(f_c + f_d)t] \qquad (4-32)$$

式中，$n(t)$ 为单边功率谱密度为 n_0 的高斯白噪声。则引信接收机接收到的回波信号为

$$U_i(t) = U_R(t) + J(t) = U_r p(t-\tau)\cos[2\pi(f_c + f_d)t] + n(t) \qquad (4-33)$$

带通滤波器的作用是滤除有用信号频段以外的噪声，因此，经过带通滤波器后到达解调器输入端的有用信号仍可认为是 $U_R(t)$。由于带通滤波器的带宽 B 远小于其中心频率 f_0，可视为窄带滤波器，故高斯白噪声 $J(t)$ 经过带通滤波器后的输出 $J'(t)$ 为窄带高斯噪声，可表示为

$$J'(t) = n'(t) = a_n(t)\cos[\omega_0 t + \varphi_n(t)], a_n(t) \geqslant 0 \qquad (4-34)$$

或者

$$J'(t) = n'(t) = n_c(t)\cos\omega_0 t - n_s(t)\sin\omega_0 t \qquad (4-35)$$

窄带高斯噪声 $J'(t)$ 及其同相分量 $n_c(t)$ 和正交分量 $n_s(t)$ 的均值都为 0，且具有相同的方差，即

$$\overline{n'^2(t)} = \overline{n_c^2(t)} = \overline{n_s^2(t)} = P_j \qquad (4-36)$$

式中，P_j 为解调器输入噪声的平均功率，且

$$P_j = n_0 B \qquad (4-37)$$

有用信号的平均功率为

$$P_s = \overline{U_R^2(t)} = \overline{U_r^2 p^2(t-\tau)\cos^2[2\pi(f_c + f_d)t]}$$

$$= \frac{U_r^2}{2PT_c}\int_0^{PT_c}\left[\text{rect}\left(\frac{t - \tau - \dfrac{T_c}{2} - iT_c}{T_c}\right)C_i\right]^2 \mathrm{d}t +$$

$$\frac{U_r^2}{2PT_c}\int_0^{PT_c}\left[\text{rect}\left(\frac{t - \tau - \dfrac{T_c}{2} - iT_c}{T_c}\right)C_i\right]^2 \cos^2[2\pi(f_c + f_d)t]\mathrm{d}t$$

$$= \frac{U_r^2}{2PT_c}\left\{PT_c + \int_0^{PT_c}\cos^2[2\pi(f_c + f_d)t]\mathrm{d}t\right\} \qquad (4-38)$$

由于高频载波的频率远远高于伪码码元重复频率，因此，第 2 项积分与第 1 项积分相比，所含能量可以忽略不计，因此

$$P_s \approx \frac{U_r^2}{2PT_c}PT_c = \frac{U_r^2}{2} \qquad (4-39)$$

则伪码调相连续波引信解调器的输入信干比为

$$\text{SJR}_i = \frac{P_s}{P_j} = \frac{U_r^2}{2n_0 B} \qquad (4-40)$$

假设本振信号为 $U_L(t) = U_l\cos(2\pi f_c t)$ ，则 $U_R(t)$ 经过混频器和低通滤波器后，输出信号为

$$U_l(t) = \frac{1}{2}U_l U_r p(t-\tau)\cos(2\pi f_d t) \qquad (4-41)$$

接收机中的带通滤波器的中心频率 ω_0 和信号载频 ω_c 相同，因此解调器输入端的窄带高斯白噪声 $J'(t)$ 可表示成

$$J'(t) = n_c(t)\cos\omega_c t - n_s(t)\sin\omega_c t \qquad (4-42)$$

$J'(t)$ 通过混频器与本振信号相乘，得

$$J'(t)U_L(t) = [n_c(t)\cos\omega_c t - n_s(t)\sin\omega_c t]U_l\cos(2\pi f_c t)$$

$$= \frac{1}{2} U_l n_c(t) + \frac{1}{2} U_l [n_c(t) \cos 2\omega_c t - n_s(t) \sin 2\omega_c t] \quad (4-43)$$

经低通滤波器后，解调器最终的输出噪声为

$$J''(t) = \frac{1}{2} U_l n_c(t) \quad (4-44)$$

因此，解调器的输出信号 $U_{bl}(t)$ 可表示为

$$U_{bl}(t) = \frac{1}{2} U_l [U_r p(t-\tau) \cos(2\pi f_d t) + n_c(t)] \quad (4-45)$$

经过恒虚警放大处理，得到的输出信号为

$$U_{bs}(t) = p(t-\tau) \cos(2\pi f_d t) + n_c(t)/U_r \quad (4-46)$$

设本地延迟码为 $p(t-\tau_d)$，$U_{bs}(t)$ 经相关处理后，输出为

$$R(\tau) = \frac{1}{PT_c} \int_0^{PT_c} U_{bs}(t) p(t-\tau_d) dt$$

$$= \frac{1}{PT_c} \int_0^{PT_c} p(t-\tau_d) p(t-\tau) \cos(\omega_d t) dt + \frac{1}{U_r PT_c} \int_0^{PT_c} p(t-\tau_d) n_c(t) dt$$

$$= R_s(\tau_d - \tau) + R_j(\tau_d) \quad (4-47)$$

式中，$R_s(\tau_d - \tau)$ 是有用信号；$R_j(\tau_d)$ 是噪声干扰。当 $\tau = \tau_d$ 时，$R(\tau)$ 达到最大值。

$$R_s(\tau_d - \tau)_{max} = R_s(0) = \frac{1}{PT_c} \int_0^{PT_c} p^2(t-\tau_d) \cos(\omega_d t) dt = \mathrm{sinc}(PT_c \omega_d)$$

$$(4-48)$$

此时有用信号的最大峰值功率为

$$P_{osmax} = \overline{R_s^2(\tau_d - \tau)_{max}} = \mathrm{sinc}^2(PT_c \omega_d) \quad (4-49)$$

相关器输出干扰的平均功率为

$$P_{oj} = \overline{R_j^2(\tau_d)} = \frac{1}{(U_r PT_c)^2} \int_0^{PT_c} \int_0^{PT_c} n_c(t_1) n_c(t_2) p(t_1-\tau_d) p(t_2-\tau_d) dt_1 dt_2$$

$$= \frac{1}{(U_r PT_c)^2} \int_0^{PT_c} \int_0^{PT_c} n_0 B \mathrm{sinc}[\pi B(t_1-t_2)] \exp[j2\pi f_0(t_1 -$$

$$t_2)] p(t_1-\tau_d) p(t_2-\tau_d) dt_1 dt_2 \quad (4-50)$$

由上式可知，当 $t_1 = t_2$ 时，P_{oj} 取最大值，故

$$P_{ojmax} = \frac{1}{(U_r PT_c)^2} n_0 B (PT_c)^2 = \frac{n_0 B}{U_r^2} \quad (4-51)$$

由此可得相关器输出的最大峰值信干比为

$$\mathrm{SJR}_o = \frac{P_{osmax}}{P_{ojmax}} = \frac{U_r^2 \mathrm{sinc}^2(PT_c \omega_d)}{n_0 B} \quad (4-52)$$

接收机总的信干比增益为

$$G = \frac{\mathrm{SJR}_o}{\mathrm{SJR}_i} = 2 \mathrm{sinc}^2(PT_c \omega_d) \quad (4-53)$$

3. 分析与讨论

根据伪码调相连续波引信接收机信干比增益的表达式，可得伪码调相连续波引信抗射频高斯噪声干扰的性能与噪声本身的参数无关，而是受伪码序列长度 P、码元宽度 T_c 及多普勒频率 ω_d 的综合影响。这是由于该体制引信是利用相关原理工作的，理想情况下，窄带高斯噪声与伪码调相连续波信号不相关，所以接收机的信噪比增益与噪声强度无关。在伪码序列长度 P、码元宽度 T_c 一定的情况下，信干比增益 G 随多普勒频率 ω_d 按 sinc 函数的平方规律变化。信干比增益 G 越大，伪码调相引信抗噪声性能越强。

4.4.2 伪码调相引信抗噪声调幅干扰分析

噪声调幅干扰是有源干扰中的一种重要的干扰方式，有着信号产生简单、带宽可变、压制效果明显等优点，已成为瞄准式及复合式干扰的重要组成部分。其是一种有效的压制性干扰，可压制近炸无线电引信对目标信息的获取。

1. 噪声调幅干扰

用带限视频高斯白噪声对载波进行调制可得噪声调幅信号，其数学表示式为

$$J(t) = [U_j + n(t)]\cos\omega_j t \tag{4-54}$$

式中，U_j 和 ω_j 分别为噪声调幅信号的载波振幅和角频率；$n(t)$ 为高斯白噪声，是均值为 0，方差为 σ^2，在区间 $[-U_j, \infty]$ 分布的广义平稳随机过程，其对应的功率谱密度为

$$G_n(f) = \begin{cases} \sigma^2/\Delta F_n, & 0 \leqslant f \leqslant \Delta F_n \\ 0, & \text{其他} \end{cases} \tag{4-55}$$

式中，ΔF_n 为高斯白噪声的谱宽。图 4-15 和图 4-16 分别为调制噪声谱密度图和噪声调幅干扰信号谱密度图。

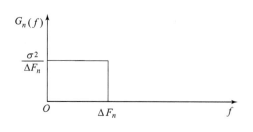

图 4-15 调制噪声谱密度

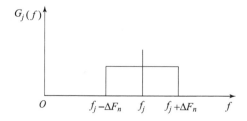

图 4-16 噪声调幅干扰信号谱密度

噪声调幅干扰信号的自相关函数为

$$R_j(\tau) = E[J(t)J(t+\tau)]$$
$$= E\{[U_j + n(t)][U_j + n(t+\tau)]\}E[\cos(\omega_j t)\cos\omega_j(t+\tau)] \tag{4-56}$$

而

$$E\{[U_j + n(t)][U_j + n(t+\tau)]\} = E[U_j^2 + n(t)n(t+\tau) + U_j n(t) + U_j n(t+\tau)]$$

$$(4-57)$$

因为调制噪声的均值为 0，故

$$E[n(t)] = E[n(t+\tau)] = 0 \tag{4-58}$$

$$E\{[U_j + n(t)][U_j + n(t+\tau)]\} = E[U_j^2 + n(t)n(t+\tau)] = U_j^2 + R_n(\tau)$$

$$(4-59)$$

式中，$R_n(\tau)$ 为调制噪声的自相关函数。

$$R_n(\tau) = E[n(t)n(t+\tau)] = \int_0^{\Delta F_n} \frac{\sigma^2}{\Delta F_n}\cos\omega\tau \mathrm{d}f = \sigma^2 \mathrm{sinc}(2\pi\Delta F_n\tau) \tag{4-60}$$

又因为

$$E\{\cos(\omega_j t)\cos\omega_j(t+\tau)\} = \frac{1}{2}E[\cos\omega_j(2t+\tau) + \cos\omega_j\tau] = \frac{1}{2}\cos\omega_j\tau$$

$$(4-61)$$

因此，得噪声调幅干扰信号的自相关函数为

$$R_j(\tau) = \frac{1}{2}[U_j^2 + R_n(\tau)]\cos\omega_j\tau \tag{4-62}$$

噪声调幅信号的功率谱密度为

$$G_j(f) = 4\int_0^\infty R_j(\tau)\cos 2\pi f\tau \mathrm{d}\tau = \frac{1}{2}\delta(f-f_j) + \frac{1}{4}G_n(f_j-f) + \frac{1}{4}G_n(f-f_j)$$

$$(4-63)$$

通过上式可以看出，噪声调幅信号的频谱由载频频谱和两个对称的旁频带组成，其带宽等于调制噪声频谱宽度的两倍，即 $B_j = 2\Delta F_n$。

噪声调幅信号的总功率为

$$P_j = R(0) = \frac{1}{2}[U_j^2 + R_n(0)] = \frac{1}{2}(U_j^2 + \sigma^2) \tag{4-64}$$

噪声调幅干扰的最大调制系数为

$$m_A = \frac{U_{n\max}}{U_j} = \frac{U_{n\max}}{\sigma}\frac{\sigma}{U_j} = K_c m_{Ae} \tag{4-65}$$

式中，$U_{n\max}$ 为最大噪声值；$K_c = U_{n\max}/\sigma$，为噪声的峰值系数；$m_{Ae} = \sigma/U_j$，为有效调制系数。

通常噪声调幅干扰的最大调制系数 $m_{Ae} \leqslant 1$，当 $m_{Ae} > 1$ 时，将产生过调制，严重的过调制会损坏振荡管。为提高噪声调幅干扰的旁频功率，需要对调制噪声 $n(t)$ 进行适当的限幅，兼顾噪声质量与获得最大的有效调制系数 m_{Ae}，通常取 $K_c = 1.4 \sim 2$。

2. 接收机总信干比增益推导

假设进入引信接收机的干扰信号 $J(t)$ 和有用信号 $U_R(t)$ 分别表示为

$$J(t) = [U_j + n(t)]\cos\omega_j t \qquad (4-66)$$

$$U_R(t) = U_r p(t-\tau)\cos[2\pi(f_c + f_d)t] \qquad (4-67)$$

则引信接收机接收到的回波信号为

$$U_i(t) = U_R(t) + J(t) = U_r p(t-\tau)\cos[2\pi(f_c + f_d)t] + [U_j + n(t)]\cos\omega_j t$$

$$(4-68)$$

故接收机接收到的有用信号的平均功率为

$$P_s = \overline{U_R^2(t)} = \overline{U_r^2 p^2(t-\tau)\cos^2[2\pi(f_c + f_d)t]}$$

$$= \frac{U_r^2}{2PT_c}\{PT_c + \int_0^{PT_c}\cos^2[2\pi(f_c + f_d)t]\mathrm{d}t\}$$

$$\approx \frac{U_r^2}{2PT_c}PT_c = \frac{U_r^2}{2} \qquad (4-69)$$

噪声调幅干扰信号的平均功率为

$$P_j = \frac{1}{2}(U_j^2 + \sigma^2) \qquad (4-70)$$

因此，伪码调相连续波引信接收机的输入信干比为

$$\mathrm{SJR}_i = \frac{P_s}{P_j} = \frac{U_r^2}{U_j^2 + \sigma^2} \qquad (4-71)$$

经过带通滤波器后到达解调器输入端的有用信号仍可认为是 $U_R(t)$，而干扰信号 $J(t)$ 的带外部分被滤除。在瞄准式干扰（$f_j \approx f_0$）下，从带通滤波器输出的干扰信号仍然是噪声调幅信号，可表示为

$$J'(t) = [U_j + n'(t)]\cos\omega_j t \qquad (4-72)$$

式中，$n'(t)$ 是原调制噪声 $n(t)$ 通过带宽为 B 的带通滤波器的结果，是一个均值为 0，方差为 $\rho B\sigma^2/\Delta F_n$ 的高斯白噪声；ρ 为噪声质量因素（$0 < \rho < 1$）。可得 $n'(t)$ 的功率谱密度为

$$G_n'(f) = \begin{cases} \rho\sigma^2/\Delta F_n, & |f - f_j| \leqslant \frac{1}{2}B \\ 0, & \text{其他} \end{cases} \qquad (4-73)$$

其自相关函数为

$$R_n'(\tau) = \int_0^\infty G_n'(f)\cos 2\pi f\tau \mathrm{d}f = \int_{f_j - \frac{1}{2}B}^{f_j + \frac{1}{2}B}\frac{\rho\sigma^2}{\Delta F_n}\cos 2\pi f\tau \mathrm{d}f$$

$$= \frac{\rho B\sigma^2}{\Delta F_n}\mathrm{sinc}(\pi B\tau)\cos(2\pi f_j\tau) \qquad (4-74)$$

因此，从带通滤波器输出的信号为

$$U_b(t) = U_r p(t-\tau)\cos[2\pi(f_c + f_d)t] + [U_j + n'(t)]\cos\omega_j t \qquad (4-75)$$

假设本振信号 U_L 为 $U_L(t) = U_l\cos(2\pi f_c t)$，则 $U_b(t)$ 经过混频器和低通滤波器后，

输出信号 $U_{bl}(t)$ 可表示为

$$U_{bl}(t) = \frac{1}{2}U_l\{U_r p(t-\tau)\cos(2\pi f_d t) + [U_j + n'(t)]\cos(\omega_j - \omega_c)t\}$$

$$= \frac{1}{2}U_l\{U_r p(t-\tau)\cos(2\pi f_d t) + [U_j + n'(t)]\} \tag{4-76}$$

经过恒虚警放大处理，得到的输出信号为

$$U_{bs}(t) = p(t-\tau)\cos(2\pi f_d t) + n'(t)/U_r \tag{4-77}$$

设本地延迟码为 $p(t-\tau_d)$，$U_{bs}(t)$ 经相关处理后，输出为

$$R(\tau) = \frac{1}{PT_c}\int_0^{PT_c} U_{bs}(t)p(t-\tau_d)\mathrm{d}t$$

$$= \frac{1}{PT_c}\int_0^{PT_c} p(t-\tau_d)p(t-\tau)\cos(2\pi f_d t)\mathrm{d}t + \frac{1}{PT_c}\int_0^{PT_c} p(t-\tau_d)n'(t)/U_r\mathrm{d}t$$

$$= R_s(\tau_d - \tau) + R_j(\tau_d) \tag{4-78}$$

式中，$R_s(\tau_d - \tau)$ 是有用信号；$R_j(\tau_d)$ 是噪声干扰。当 $\tau = \tau_d$ 时，$R(\tau)$ 达到最大值，即

$$R_s(\tau_d - \tau)_{\max} = R_s(0) = \frac{1}{PT_c}\int_0^{PT_c} p^2(t-\tau_d)\cos(\omega_d t)\mathrm{d}t = \mathrm{sinc}(PT_c\omega_d)$$

$$\tag{4-79}$$

此时有用信号的最大峰值功率为

$$P_{os\max} = \overline{R_{ss}^2(\tau_d - \tau)_{\max}} = \mathrm{sinc}^2(PT_c\omega_d) \tag{4-80}$$

相关器输出干扰的平均功率为

$$P_{oj} = \overline{R_j^2(\tau_d)} = \frac{1}{(U_r PT_c)^2}\int_0^{PT_c}\int_0^{PT_c} p(t_1-\tau_d)p(t_2-\tau_d)n'(t_1)n'(t_2)\mathrm{d}t_1\mathrm{d}t_2$$

$$= \frac{1}{(U_r PT_c)^2}\int_0^{PT_c}\int_0^{PT_c} R_n'(t_1-t_2)p(t_1-\tau_d)p(t_2-\tau_d)\mathrm{d}t_1\mathrm{d}t_2 \tag{4-81}$$

由上式可知，当 $t_1 = t_2$ 时，P_{oj} 取最大值，故

$$P_{oj\max} = \frac{R_n'(0)}{(U_r PT_c)^2}\int_0^{PT_c}\int_0^{PT_c} p(t_1-\tau_d)p(t_2-\tau_d)\mathrm{d}t_1\mathrm{d}t_2 = \frac{\rho B\sigma^2}{U_r^2\Delta F_n} \tag{4-82}$$

由此可得相关器输出的最大峰值信干比为

$$\mathrm{SJR}_o = \frac{P_{os\max}}{P_{oj\max}} = \frac{\Delta F_n U_r^2 \mathrm{sinc}^2(PT_c\omega_d)}{\rho B\sigma^2} \tag{4-83}$$

因此，在噪声调幅瞄准式干扰情况下，伪码调相连续波引信接收机总的信干比增益为

$$G = \frac{\mathrm{SJR}_o}{\mathrm{SJR}_i} = \frac{\Delta F_n(U_j^2 + \sigma^2)}{\rho B\sigma^2}\mathrm{sinc}^2(PT_c\omega_d)$$

$$= \frac{\Delta F_n(1 + m_{Ae}^2)}{\rho B m_{Ae}^2}\mathrm{sinc}^2(PT_c\omega_d) \tag{4-84}$$

3. 分析与讨论

根据伪码调相连续波引信接收机信干比增益的表达式，可得在瞄准式干扰情况下，伪码调相连续波引信抗噪声调幅干扰性能主要受接收机带宽 B、伪码序列长度 P、码元宽度 T_c、多普勒频率 ω_d，以及噪声本身的参数，如噪声干扰带宽 ΔF_n、噪声有效调制系数 m_{Ae} 和噪声质量因数 ρ 等因素的综合影响。具体分析如下：

信干比增益 G 与噪声干扰带宽 ΔF_n 成正比，ΔF_n 的值越大，引信的抗干扰能力越好；与噪声质量因数 ρ 成反比，ρ 越大，引信的抗干扰能力越差。并且，信干比增益 G 与噪声有效调制系数有关，噪声有效调制系数 m_{Ae} 越大，引信的抗干扰能力越差。

信干比增益 G 与接收机带宽 B 成反比。因此，在确保引信目标回波信号能够顺利接收的情况下，采取减小引信接收机带宽 B 的方法，能够起到提高伪码调引信抗干扰性能的效果。

在噪声、接收机及伪随机码的参数一定的情况下，信干比增益 G 随多普勒频率 ω_d 按 sinc 函数的平方规律变化。

4.4.3 伪码调相引信抗噪声调频干扰分析

在现代电子对抗中，对引信威胁最大的干扰是压制式干扰中的阻塞式干扰，阻塞式干扰发射宽频带的干扰信号，可对频带内的引信同时进行干扰，为此，要求干扰机发射宽频谱的大功率干扰信号，而噪声调频干扰具有宽的干扰带宽和较大的噪声功率，是目前对雷达、引信、通信进行阻塞式干扰中最常用的干扰形式。

1. 噪声调频干扰

噪声调频干扰信号最常见的是射频振荡的频率与调制噪声电压 $n(t)$ 呈线性关系，其数学表示式为

$$J(t) = U_j \cos\Big[\omega_j t + k_f \int_0^t n(\tau)\,\mathrm{d}\tau\Big] \tag{4-85}$$

式中，U_j 为噪声调频干扰信号的恒定振幅（忽略其寄生调幅）；ω_j 为噪声调频干扰信号的载波频率；k_f 为调频指数，即单位噪声电压引起的角频率偏移；$n(t)$ 为高斯白噪声，其均值为 0，方差为 σ^2。

调制噪声电压 $n(t)$ 为高斯噪声，其一维概率密度函数为

$$f_n(x) = \frac{1}{\sqrt{2\pi}\sigma}\exp\Big(-\frac{x^2}{2\sigma^2}\Big) \tag{4-86}$$

因为噪声调频干扰的角频率与 $n(t)$ 呈线性关系，所以瞬时角频率或角频偏的概率密度也应为高斯分布，即

$$f_\omega(\omega) = \frac{1}{\sqrt{2\pi}\omega_e}\exp\Big[-\frac{(\omega-\omega_j)^2}{2\omega_e^2}\Big] \tag{4-87}$$

式中，ω_e 为角频偏的均方根值，$\omega_e = k_f\sigma$。相应地，其瞬时频率及频偏的概率密度也应服从高斯分布，其均方根值为

$$f_e = \frac{\omega_e}{2\pi} = \frac{k_f\sigma}{2\pi} \qquad (4-88)$$

称为有效频偏。则

$$f_j(f) = \frac{1}{\sqrt{2\pi}f_e}\exp\left[-\frac{(f-f_j)^2}{2f_e^2}\right] \qquad (4-89)$$

根据信号功率谱与自相关函数的傅里叶变换关系，先求出自相关函数，再求其功率谱密度。噪声调频干扰的自相关函数为

$$R_j(\tau) = \lim_{T\to\infty}\frac{1}{T}\int_{-\frac{T}{2}}^{\frac{T}{2}}J(t)J(t+\tau)\,\mathrm{d}t \qquad (4-90)$$

用 "—" 表示对时间的平均，$\theta(t) = k_f\int_0^t n(\tau)\,\mathrm{d}\tau$，以简化公式。得

$$
\begin{aligned}
R_j(\tau) &= \overline{J(t)J(t+\tau)} = U_j^2\,\overline{\cos[\omega_j t + \theta(t)]\cos[\omega_j(t+\tau)+\theta(t+\tau)]} \\
&= \frac{1}{2}U_j^2\,\overline{\cos[\omega_j(2t+\tau)+\theta(t+\tau)+\theta(t)]} + \frac{1}{2}U_j^2\,\overline{\cos[\omega_j\tau+\theta(t+\tau)-\theta(t)]} \\
&= \frac{1}{2}U_j^2\{\overline{\cos[\omega_j(2t+\tau)]\cos[\theta(t+\tau)+\theta(t)]} - \overline{\sin[\omega_j(2t+\tau)]\sin[\theta(t+\tau)+\theta(t)]} + \\
&\quad \overline{\cos(\omega_j\tau)\cos[\theta(t+\tau)-\theta(t)]} - \overline{\sin(\omega_j\tau)\sin[\theta(t+\tau)-\theta(t)]}\} \\
&= \frac{1}{2}U_j^2\{\cos(\omega_j\tau)\,\overline{\cos[\theta(t+\tau)-\theta(t)]} - \sin(\omega_j\tau)\,\overline{\sin[\theta(t+\tau)-\theta(t)]}\}
\end{aligned}
$$

$$\qquad (4-91)$$

令 $x(t) = \theta(t+\tau)-\theta(t)$，则

$$R_j(\tau) = \frac{1}{2}U_j^2[\cos(\omega_j\tau)\overline{\cos x(t)} - \sin(\omega_j\tau)\overline{\sin x(t)}] \qquad (4-92)$$

因为 $\theta(t)$ 和 $n(t)$ 间存在一一对应的积分变换关系，因而其概率密度分布同为高斯分布，另根据具有高斯分布的变量差的概率密度仍为高斯分布，则

$$\overline{\cos x(t)} = \int_{-\infty}^{+\infty}\cos x\,W(x)\,\mathrm{d}x = \int_{-\infty}^{+\infty}\cos x\,\frac{1}{\sqrt{2\pi}\sigma_x}\exp\left(-\frac{x^2}{2\sigma_x^2}\right)\mathrm{d}x = \mathrm{e}^{-\frac{\sigma_x^2}{2}} \quad (4-93)$$

$$\overline{\sin x(t)} = \int_{-\infty}^{+\infty}\sin x\,W(x)\,\mathrm{d}x = 0 \qquad (4-94)$$

$$\sigma_x^2 = \overline{[\theta(t+\tau)-\theta(t)]^2} = \overline{\theta^2(t+\tau)+\theta^2(t)-2\theta(t+\tau)\theta(t)} = 2[R_\theta(0)-R_\theta(\tau)] \qquad (4-95)$$

式中，$W(x)$、σ_x^2 分别为 $x(t)$ 的概率密度和方差；$R_\theta(\tau)$ 为 $\theta(t)$ 的相关函数。因此

$$R_j(\tau) = \frac{1}{2}U_j^2\mathrm{e}^{-\frac{\sigma_x^2}{2}}\cos(\omega_j\tau) \qquad (4-96)$$

噪声调频信号的功率谱密度可由自相关函数经傅里叶变换求得

$$G(\omega) = 4\int_0^\infty \frac{1}{2}U_j^2 e^{-\frac{\sigma_\Phi^2}{2}}\cos(\omega_j\tau)\cos(\omega\tau)\mathrm{d}\tau$$

$$= U_j^2\int_0^\infty e^{-\frac{\sigma_\Phi^2}{2}}\big[\cos(\omega_j+\omega)\tau + \cos(\omega_j-\omega)\tau\big]\mathrm{d}\tau \qquad (4-97)$$

上式等号右边第二个积分式中，指数乘积 $e^{-\frac{\sigma_\Phi^2}{2}}$ 相比 $\cos(\omega_j+\omega)\tau$ 增长得很慢，故可以忽略，则

$$G(\omega) \approx U_j^2\int_0^\infty e^{-\frac{\sigma_\Phi^2}{2}}\cos(\omega_j-\omega)\tau\mathrm{d}\tau$$

$$= U_j^2\int_0^\infty \exp\Big[-m_{fe}^2\Delta\Omega_n\int_0^{\Delta\Omega_n}\frac{1-\cos\Omega\tau}{\Omega^2}\mathrm{d}\Omega\Big]\cos(\omega_j-\omega)\tau\mathrm{d}\tau \qquad (4-98)$$

式中，$\Delta\Omega_n = 2\pi\Delta F_n$，为调制噪声的频谱宽度；$m_{fe}^2 = \omega_e/\Delta\Omega_n$，为噪声调频信号的有效调频指数。

通常情况下，有效调频指数 $m_{fe}\gg1$，故 $m_{fe}^2\Delta\Omega_n\int_0^{\Delta\Omega_n}\frac{1-\cos\Omega\tau}{\Omega^2}\mathrm{d}\Omega\approx\frac{1}{2}\omega_e^2\tau^2$，因此

$$G(\omega) \approx U_j^2\int_0^\infty\cos(\omega_j-\omega)\tau\exp\Big(-\frac{1}{2}\omega_e^2\tau^2\Big)\mathrm{d}\tau$$

$$= \frac{1}{2}U_j^2\frac{1}{\sqrt{2\pi}\omega_e}\exp\Big[-\frac{(\omega-\omega_j)^2}{2\omega_e^2}\Big] \qquad (4-99)$$

相应地，有

$$G(f) = \frac{1}{2}U_j^2\frac{1}{\sqrt{2\pi}f_e}\exp\Big[-\frac{(f-f_j)^2}{2f_e^2}\Big] \qquad (4-100)$$

可见，噪声调频信号的功率谱密度与调制噪声的概率密度之间具有线性关系（调制噪声的概率密度服从高斯分布时，噪声调频信号的功率谱密度也应服从高斯分布）。

噪声调频信号的干扰带宽（半功率带宽）为

$$\Delta f_j = 2\sqrt{2\ln2}f_e \qquad (4-101)$$

2. 接收机总信干比增益推导

假设进入引信接收机的干扰信号 $J(t)$ 和有用信号 $U_R(t)$ 分别表示为

$$J(t) = U_j\cos\Big[\omega_jt + k_f\int_0^t n(\tau)\mathrm{d}\tau\Big] \qquad (4-102)$$

$$U_R(t) = U_r p(t-\tau)\cos\big[2\pi(f_c+f_d)t\big] \qquad (4-103)$$

故接收机接收到的有用信号的平均功率为

$$P_s = \overline{U_R^2(t)} = \frac{U_r^2}{2} \qquad (4-104)$$

噪声调频干扰信号的平均功率为

$$P_j = \int_{-\infty}^{\infty} G(f)\,\mathrm{d}f = \frac{U_j^2}{2} \tag{4-105}$$

因此，伪码调相连续波引信接收机的输入信干比为

$$\mathrm{SJR}_i = \frac{P_s}{P_j} = \frac{U_r^2}{U_j^2} \tag{4-106}$$

经过窄带滤波器后到达解调器输入端的有用信号仍可认为是 $U_R(t)$。噪声调频干扰信号通过窄带滤波器接收后，具有窄带高斯性质，设为 $J'(t)$。则窄带噪声调频干扰信号可表示为

$$J'(t) = n_c(t)\cos\omega_j t - n_s(t)\sin\omega_j t \tag{4-107}$$

式中，$n_c(t)$、$n_s(t)$ 是 $J'(t)$ 的同相分量和正交分量，二者的统计特性相同，且 $J'(t)$ 的功率谱密度为

$$G_{J}'(f) = \frac{\rho U_j^2}{2\sqrt{2\pi}f_e}\exp\left[-\frac{(f-f_j)^2}{2f_e^2}\right] \tag{4-108}$$

式中，$\rho(0 < \rho < 1)$ 为噪声质量因素。

$n_c(t)$ 的自相关函数为

$$R_{n_c}(\tau) = \frac{\rho U_j^2 B\mathrm{sinc}(\pi B\tau)}{2\sqrt{2\pi}f_e}\cos(2\pi f_j\tau)\exp\left[-\frac{(f_c-f_j)^2}{2f_e^2}\right] \tag{4-109}$$

假设本振信号为 $U_L(t) = U_l\cos(2\pi f_c t)$，则经过混频器和低通滤波器后，解调器的输出信号 $U_{bl}(t)$ 可表示为

$$U_{bl}(t) = \frac{1}{2}U_l\left[U_r p(t-\tau)\cos(2\pi f_d t) + n_c(t)\right] \tag{4-110}$$

经过恒虚警放大处理，得到的输出信号为

$$U_{bs}(t) = p(t-\tau)\cos(2\pi f_d t) + n_c(t)/U_r \tag{4-111}$$

设本地延迟码为 $p(t-\tau_d)$，$U_{bs}(t)$ 经相关处理后，输出为

$$\begin{aligned}
R(\tau) &= \frac{1}{PT_c}\int_0^{PT_c} U_{bs}(t)p(t-\tau_d)\,\mathrm{d}t \\
&= \frac{1}{PT_c}\int_0^{PT_c} p(t-\tau_d)p(t-\tau)\cos(\omega_d t)\,\mathrm{d}t + \frac{1}{U_r PT_c}\int_0^{PT_c} p(t-\tau_d)n_c(t)\,\mathrm{d}t \\
&= R_s(\tau_d-\tau) + R_j(\tau_d) \tag{4-112}
\end{aligned}$$

式中，$R_s(\tau_d-\tau)$ 是有用信号；$R_j(\tau_d)$ 是噪声干扰。当 $\tau = \tau_d$ 时，$R(\tau)$ 达到最大值。

$$R_s(\tau_d-\tau)_{\max} = R_s(0) = \frac{1}{PT_c}\int_0^{PT_c} p^2(t-\tau_d)\cos(\omega_d t)\,\mathrm{d}t = \mathrm{sinc}(PT_c\omega_d) \tag{4-113}$$

此时最大峰值功率为

$$P_{os\max} = \left[R_s(\tau_d-\tau)_{\max}\right]^2 = \mathrm{sinc}^2(PT_c\omega_d) \tag{4-114}$$

相关器输出干扰的平均功率为

$$P_{oj} = \overline{R_j^2(\tau_d)} = \frac{1}{(U_r PT_c)^2} \int_0^{PT_c} \int_0^{PT_c} n_c(t_1) n_c(t_2) p(t_1 - \tau_d) p(t_2 - \tau_d) \mathrm{d}t_1 \mathrm{d}t_2$$

$$= \frac{1}{(U_r PT_c)^2} \int_0^{PT_c} \int_0^{PT_c} R_{n_c}(t_1 - t_2) p(t_1 - \tau_d) p(t_2 - \tau_d) \mathrm{d}t_1 \mathrm{d}t_2 \qquad (4-115)$$

由上式可知，当 $t_1 = t_2$ 时，P_{oj} 取最大值，故

$$P_{oj\max} = \frac{1}{(U_r PT_c)^2} \int_0^{PT_c} \int_0^{PT_c} R_{n_c}(0) p(t_1 - \tau_d) p(t_2 - \tau_d) \mathrm{d}t_1 \mathrm{d}t_2$$

$$= \frac{1}{(U_r PT_c)^2} \frac{\rho B U_j^2}{2\sqrt{2\pi} f_e} \exp\left[-\frac{(f_c - f_j)^2}{2f_e^2} \right] (PT_c)^2$$

$$= \frac{\rho B U_j^2}{2\sqrt{2\pi} f_e U_r^2} \exp\left[-\frac{(f_c - f_j)^2}{2f_e^2} \right] \qquad (4-116)$$

由此可得相关器输出的最大峰值信干比为

$$\mathrm{SJR}_o = \frac{P_{os\max}}{P_{oj\max}} = \frac{2\sqrt{2\pi} f_e U_r^2 \mathrm{sinc}^2(PT_c \omega_d)}{\rho B U_j^2} \exp\left[\frac{(f_c - f_j)^2}{2f_e^2} \right] \qquad (4-117)$$

接收机总的信干比增益为

$$G = \frac{\mathrm{SJR}_o}{\mathrm{SJR}_i} = \frac{2\sqrt{2\pi} f_e \, \mathrm{sinc}^2(PT_c \omega_d)}{\rho B} \exp\left[\frac{(f_c - f_j)^2}{2f_e^2} \right] \qquad (4-118)$$

3. 分析与讨论

由式（4-118），可得伪码调相连续波引信抗噪声调频干扰性能主要受接收机带宽 B、伪码序列长度 P、码元宽度 T_c、载波频率 f_c、多普勒频率 ω_d、载频瞄准偏差 $\Delta f = f_c - f_j$、噪声调制有效频偏 f_e、噪声质量因数 ρ 等因素的综合影响。具体分析如下：

信干比增益 G 与噪声质量因数 ρ 成反比，ρ 越大，引信的抗干扰能力越差。

信干比增益 G 与接收机带宽 B 成反比。因此，在确保引信目标回波信号能够顺利接收的情况下，采取减小引信接收机带宽 B 的方法，能够起到提高伪码调引信抗噪声调频干扰性能的效果。

在噪声、接收机及伪随机码的参数一定的情况下，信干比增益 G 随多普勒频率 ω_d 按 sinc 函数平方规律变化。

4.4.4 伪码调相引信定距性能指标

1. 距离分辨力

距离分辨力是指能够区分两个目标相距的最小距离，记为 $R_{\min}$。当电磁波由系统发射端到两个相邻目标的往返时间延时恰好等于一个码元宽度时，这两个目标之间的

距离为距离分辨力 $R_{\min}$，即

$$R_{\min} = \frac{T_c c}{2} \tag{4 – 119}$$

显然，距离分辨力 $R_{\min}$ 和码元宽度成正比，为了提高距离分辨力，可以减小码元宽度。

2. 最大无模糊距离

序列的相关函数具有周期性，所以每个相关取值都会对应多个距离，如果不能正确判断，就会存在距离模糊问题。对于一定码元宽度和周期的伪码序列而言，其无模糊作用距离是有限的。当电磁波由系统发射端到目标的往返延时恰好等于一个伪码序列周期时，这个距离就是最大无模糊距离 $R_{\max}$，即

$$R_{\max} = \frac{P T_c c}{2} \tag{4 – 120}$$

显然，最大无模糊距离 $R_{\max}$ 与伪码长度 P 及码元宽度 T_c 成正比。因此，增大码元宽度 T_c 或增加伪码序列长度 P 都会使最大无模糊距离增大。在实际系统中，要求引信的最大无模糊距离 $R_{\max}$ 远大于引信的实际工作距离。

4.5　伪码调相无线电引信参数选择

伪码调相引信参数的选择很重要，决定了引信的性能。伪码调相引信共有 3 个参数：伪码序列长度 P、伪码码元宽度 T_c、伪码周期 T_r。下面分别对 3 个参数的选择原则加以介绍。

1. 伪码码元宽度 T_c

伪码码元宽度 T_c 越窄，距离分辨力越好，定距精度越好；码元宽度 T_c 越窄，距离截止特性越陡峭，系统的安全高度就越低，低空性能也就越好。

码元宽度 T_c 确定了相关函数变化的斜率和相关函数的持续时间。码元宽度越窄，相关函数变化的斜率就越大，引信作用区内距离截止特性越陡峭，引信的安全高度就越低，低空性能也就越好；码元宽度越窄，相关函数的持续时间就越短，距离分辨率越好，定距精度越高。

伪码码元宽度 T_c 越窄，伪码信号的频谱就越宽，信号的扩频性能也就越好，系统抗干扰能力也就越强。但是，为了使放大的视频信号不失真，要求放大器的带宽变宽，由此导致接收机的灵敏度下降。由于码元宽度受器件开关时间的限制，使得码元宽度不能无限窄。

此外，为了保证引信的可靠工作，引信的实际工作距离 R 应远小于引信的最大无模糊距离 $R_{\max}$，即

$$R < R_{\max} = \frac{PT_c c}{2} \tag{4-121}$$

$$T_c > \frac{2R}{Pc} \tag{4-122}$$

因此，码元宽度 T_c 越宽，引信最大无模糊工作距离越远，引信的工作可靠性越高。

结合以上分析，码元宽度 T_c 的选择要综合考虑抗干扰能力、作用距离范围、设备的复杂性及系统的工程的可实现性等方面的因素。就目前而言，码元宽度一般选择在 $10 \sim 100$ ns 较为合适。

2. 伪随机码序列长度 P

在选择伪随机码序列长度 P 时，应从抗干扰能力、最大无模糊距离和抑制多普勒影响三方面进行综合考虑。

（1）从抗干扰能力考虑

伪码周期决定了相关函数的主、副电平的比值。比值越大，对地、海平面散射杂波和其他干扰信号的抑制就越强。假设要求引信在距离截止区抑制干扰的能力不低于 J（dB），则伪码周期 P 须满足

$$20\lg(PU_{\text{com}}) > J \tag{4-123}$$

即

$$P > \frac{10^{\frac{J}{20}}}{U_{\text{com}}} \tag{4-124}$$

式中，U_{com} 为门限电平，也称比较电平或起爆电平。

（2）从引信最大无模糊距离方面考虑

引信的实际工作距离 R 应远小于其最大无模糊距离 $R_{\max}$，由此可知伪码序列长度 P 应满足

$$R < R_{\max} = \frac{PT_c c}{2} \tag{4-125}$$

$$P > \frac{2R}{T_c c} \tag{4-126}$$

综上可知，伪码序列长度 P 越长，引信性能越好。

（3）从多普勒效应的影响考虑

然而，伪码序列长度越长，多普勒对相关函数的影响越大。为了使多普勒频率 f_d 对相关函数的影响足够小，应有 $\frac{1}{PT_c} > 4f_d$，即

$$P < \frac{1}{4f_d T_c} \tag{4-127}$$

因此，在选择伪码序列长度 P 时，应从最大无模糊距离、抗干扰能力和多普勒影

响三方面进行综合考虑。

3. 伪码周期 T_r

伪码周期 T_r 与伪码码元宽度 T_c 及伪码序列长度 P 间存在如下关系

$$T_r = PT_c \tag{4 – 128}$$

因此，伪随机码的其他两个参数确定之后，伪码周期 T_r 也就随之确定。

第5章 脉冲无线电引信

脉冲无线电引信是一种发射高频脉冲信号具有一定重复周期的无线电引信，目标反射脉冲比发射脉冲滞后时间 Δt，即 $\Delta t = 2R/c$，它正比于引信到目标的距离 R。利用从反射信号中提取的距离等信息来控制引信作用。

脉冲无线电引信只在脉冲持续期间内发射高频能量，因而可在平均功率较小的条件下，具有较高的峰值功率，从而能达到较大的作用距离，同时也有利于抗干扰。这种引信可采用"距离门"等措施进行测距选择，使其距离截止特性好。此外，它还可以通过脉冲宽度选择及编码等措施来提高抗干扰能力。

脉冲无线电引信可分为脉冲测距引信、脉冲多普勒引信、线性调频脉冲压缩引信、脉冲伪随机码复合体制引信、超宽带引信等类型。

5.1 脉冲测距引信

脉冲测距引信是通过测量电磁波在引信与目标之间的往返传播时间进行测距的。引信通过天线发射一定脉宽和周期重复的高频脉冲，遇到目标后，一部分能量被目标反射回来，引信通过天线接收由目标反射回来的回波信号，回波信号脉冲相对于发射信号脉冲产生了时间延迟 τ，通过测量延迟时间 τ，即可确定引信与目标之间的距离 R。

$$\tau = \frac{2R}{c} \quad \text{或} \quad R = \frac{c\tau}{2} \tag{5-1}$$

脉冲引信按接收方式不同，分为直接检波式脉冲引信和外差式脉冲引信。

5.1.1 直接检波式脉冲引信工作原理

直接检波式脉冲引信工作原理框图如图 5-1 所示。

脉冲发生器产生脉宽为 τ 的脉冲信号对振荡器进行幅度调制，然后经发射天线向空间辐射，由目标反射回来的信号被接收天线接收，经检波器直接检波后得到同脉冲宽度的脉冲信号，相对于发射信号延迟了时间 $\Delta t = 2R/c$。回波信号经微分处理，在上升和下降沿形成正、负脉冲信号。其中负脉冲信号经反相器放大后输入至"三输入与门"，它代表的是引信至目标的距离信息；正脉冲触发控制门 2，产生一个脉冲宽度为

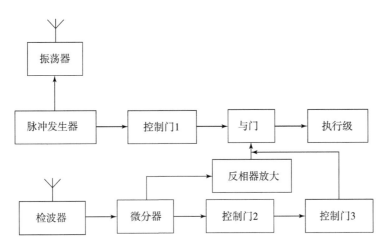

图 5 - 1　直接检波式脉冲引信工作原理框图

τ_1 的矩形脉冲信号，τ_1 满足 $\tau/2 < \tau_1 < \tau$。再用控制门 2 输出的信号后沿触发控制门 3，产生一个脉冲宽度为 τ_2 的矩形脉冲信号，τ_2 满足 $\tau/2 < \tau_2 < \tau$。输入至"三输入与门"，控制门 3 的宽度代表脉冲宽度的选择范围。"三输入与门"的第三个输入信号是由脉冲发生器触发产生的脉宽为 τ_3 的矩形脉冲信号，控制门 1（矩形脉冲）结束时间 t_s 决定了引信的最大作用距离 $R_{\max}$，即 $t_s = 2R_{\max}/c + \tau_1 + \tau_2$。当上述负脉冲反相放大信号、波门 2 和波门 3 三者同时出现时，"三输入与门"输出触发脉冲，推动执行级工作。

值得注意的是，上述直接检波式脉冲引信如果收发隔离不能满足要求，即发射机泄露到接收机的信号大于接收机的灵敏度，此时，只要发射机工作，接收机内反相放大信号和控制门 3 将同时出现，则"三输入与门"就会输出触发脉冲，推动执行级误动作，形成引信自炸。这时应将控制波门 3 的矩形脉冲起始时间 t_0 后移至发射射频脉冲信号结束，即必须满足 $t_0 \geqslant \tau$，保证在脉冲引信发射期间"三输入与门"不工作。因此，在这种情况下，引信存在作用盲区，盲区对应的作用距离为：

$$R_B \leqslant \frac{t_0}{2} c \qquad (5 - 2)$$

由直接检波式脉冲引信工作原理可知，引信具有脉冲宽度选择能力，当干扰脉冲的宽度 $\tau_n < \tau_1$ 或 $\tau_n > \tau_1 + \tau_2$ 时，干扰形成的正脉冲不能与控制门 3 的信号同时出现，因此，不会使引信误动作。由此可见，这种体制引信具有一定的抗干扰能力，同时它具有时间选择特性，所以引战配合效率较好。

5.1.2　直接检波式脉冲引信参数选择

1. 调制脉冲宽度选择

考虑到引信发射泄露对接收的影响，可采用收发分时方式工作，即在发射脉冲持续期间，接收机不接收信号，反之，接收信号期间，不发射信号。此时，调制脉冲宽度 τ_M 取决于引信最小作用距离 $R_{\min}$，必须满足：

$$2\tau_M \leqslant \frac{2R_{\min}}{c} \quad \text{即} \quad \tau_M \leqslant \frac{R_{\min}}{c} \quad (5-3)$$

如收发隔离良好，则原则上对调制脉冲宽度 τ_M 没有要求，但 τ_M 会影响引信的距离截止特性、引信的动作距离范围。

2. 调制脉冲周期 T_M 选择

由于脉冲测距引信无须考虑测速模糊问题，所以对调制脉冲周期 T_M 的选择，应保证足够长的模糊距离，即在引信作用距离范围内不出现距离模糊。根据引信最大作用距离 $R_{\max}$ 要求，调制脉冲周期 T_M 必须满足：

$$T_M > \frac{2R_{\max}}{c} \quad (5-4)$$

3. 波门 1 脉冲宽度

满足：

$$\tau_3 = \tau_{\max} + \tau_1 + \tau_2 = 2R_{\max}/c + \tau_1 + \tau_2 \quad (5-5)$$

即它决定了引信的最大作用距离 $R_{\max}$。

4. 波门 2 脉冲宽度

满足：

$$(\tau_M/2) < \tau_1 < \tau_M \quad (5-6)$$

保证波门 3 的起始位置落在回波脉冲的后半部分时间内。

5. 控制门 3 脉冲宽度

满足：

$$\tau_1 < \tau_2 \leqslant \tau_s, \quad \tau_s > \tau_M \quad (5-7)$$

保证控制门 3 完全覆盖回波脉冲后沿，控制门 3 脉冲宽度决定了引信脉冲宽度的选择范围。

5.2 脉冲多普勒引信

脉冲多普勒引信是应用多普勒效应工作的一种脉冲体制引信，它具备脉冲引信和连续波多普勒引信两种体制的优点，即具有脉冲引信所具有的距离鉴别特性和连续波多普勒引信所具有的速度鉴别特性，可抑制远距离回答式脉冲干扰和低空地面反射回波干扰，进行动目标选择和速度的选通。采用窄波束天线时，在角度上具有选择的能力，有较高的灵敏度。此外，由于工作在脉冲状态，和连续波相比，具有较强的峰值功率，从而易得到较高的信噪比和增大作用距离。因此，脉冲多普勒引信是目前使用最多的脉冲体制引信之一。

脉冲多普勒引信按信号处理相干检测方式，可分为两大类：

（1）脉冲对脉冲相干检测的脉冲多普勒引信

这种引信是将发射信号的一部分，经适当延时，作为与目标回波信号进行相干检测的基准信号，或者在发射脉冲的持续时间内，目标回波信号必须被引信天线所接收，发射信号直接用作相干检测的基准信号。此类引信可采用视频脉冲调制振荡器方式来实现，其优点是脉冲调制比较干净，脉外没有附加辐射。其缺点主要有以下两个方面：

①由于振荡器存在间歇工作，起振和停振都有一个过渡过程，易使脉冲波形变坏，前、后沿陡峭度变差，同时，导致振荡器频率稳定度下降。

②只有当目标回波信号与本振信号同时存在时，混频器才能正常工作。因此，要求将射频振荡信号根据引信作用距离做适当的延时，或者调制脉冲必须具备一定的宽度，在发射脉冲的持续时间内，目标回波信号必须被引信天线所接收。

（2）脉冲对连续波相干检测的脉冲多普勒引信

这种引信是在发射射频脉冲时，同时提供一个与发射脉冲载频完全相干的连续波载频信号，送给混频器，作为与目标回波信号进行相干检测的基准信号。此类引信可采用微波开关调制方式来实现。由微波开关控制脉冲发射，振荡器连续工作，无起振、停振过渡过程，易得到稳定的脉冲波形。另外，由振荡器耦合到混频器的本振信号是连续的，无须对本振信号进行延时，对调制脉冲宽度也没有限制。这种调制方式的缺点是效率低，脉冲调制不干净，脉外有附加辐射。

5.2.1　脉冲对脉冲相干检测的脉冲多普勒引信

脉冲对脉冲相干检测的外差式脉冲多普勒引信原理框图如图 5 - 2 所示。

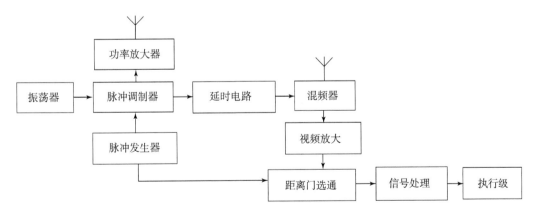

图 5 - 2　外差式脉冲多普勒引信原理框图

脉冲发生器产生调制脉冲来对振荡器进行脉冲调制，已调射频脉冲信号经天线向外发射，同时，一部分射频脉冲信号经延时电路，用作接收机中混频器的相干检测基准信号，其延时时间取决于引信作用距离。目标回波信号经接收天线进入混频器与基准信号混频，得到的视频脉冲信号经视频放大器放大后，送入距离门选通电路。距离门选通是根据引信的作用距离范围确定的固定波门，使引信具有良好的距离截止特性。经距离选通后的有用信号通过信号处理后输出点火信号，进而推动执行级工作。

如果引信的收发隔离良好且引信作用距离较近，也可适当增加引信的调制脉冲宽度，在接收机中采取振荡器耦合信号不经过延时而直接馈入混频器的方式工作。为减小引信的复杂度，简化引信电路结构，缩小引信体积，此时引信还可以采用自差式工作体制，其原理框图及波形图如图 5 - 3 所示。

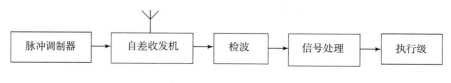

图 5 - 3 自差式脉冲多普勒引信原理框图

脉冲调制器产生一定脉宽、周期的脉冲，对自差收发机进行脉冲调制，已调射频脉冲信号经天线向外发射。目标回波信号由同一天线接收，并在自差机中与发射射频脉冲信号进行差拍，如果引信与目标之间存在相对运动，则可得到受多普勒信号调制的差拍脉冲信号，经检波后获得连续波多普勒信号，经信号处理后输出点火信号，进而推动执行级工作。

若目标回波信号与发射射频脉冲不存在相互重叠部分，则说明目标在引信的距离截止特性之外，此时自差机无信号输出。若目标回波信号与发射射频脉冲存在相互重叠部分，但目标和引信之间没有相对运动，则自差机输出一直流信号，经电路中隔直流电容作用，也无信号输出。

5.2.2 脉冲对连续波相干检测的脉冲多普勒引信

脉冲对连续波相干检测的外差式脉冲多普勒引信原理框图如图 5 - 4 所示。

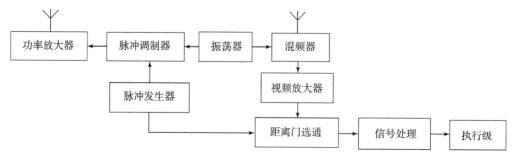

图 5 - 4 脉冲对连续波相干检测的外差式脉冲多普勒引信原理框图

其工作原理是振荡器为连续波振荡器，脉冲发生器产生调制脉冲对振荡器进行脉冲调制，已调射频脉冲信号经功率放大后通过天线向外发射，同时，一部分射频脉冲信号用作接收机中混频器的相干检测基准信号。目标回波信号经接收天线进入混频器与基准信号混频，得到的视频脉冲信号经视频放大器放大后，送入距离门选通电路。距离门选通是根据引信的作用距离范围确定的固定波门，使引信具有良好的距离截止特性。经距离选通后的有用信号通过信号处理后输出点火信号，进而推动执行级工作。

5.2.3　脉冲多普勒引信信号参数的选择

1. 调制脉冲宽度的选择

自差式脉冲多普勒引信和基准信号（本振）为非连续波的脉冲多普勒引信，调制脉冲的最小宽度取决于引信最大作用距离 R_{max}，即在脉冲信号到达目标并返回到引信后，发射脉冲和接收脉冲必须有足够的重复时间在引信自差机中进行差拍，一般发射脉冲与接收脉冲的重叠部分至少包含 200 个射频振荡周期。因此，要求调制脉冲宽度 τ_M 应满足：

$$\tau_M > \frac{2R_{max}}{c} + \frac{200}{f_0} \tag{5-8}$$

当相干检测基准信号为连续波时，则要求调制脉冲宽度时间内至少应包含 200 个射频振荡周期，即

$$\tau_M > \frac{200}{f_0} \tag{5-9}$$

测距精度与脉冲宽度 τ_M 有关，脉冲宽度越窄，曲线越陡峭，测距精度越高。因此，脉冲宽度 τ_M 取决于对测量精度的要求。

2. 调制脉冲频率 f_M 的选择

多普勒信息是由调制脉冲对多普勒信号取样获得的，调制频率的选择必须兼顾到对距离和速度的影响因素。根据脉冲多普勒信号的模糊函数，最大不模糊距离为 $R_{max} = \dfrac{cT_M}{2} = \dfrac{c}{2f_M}$，最大不模糊速度 $V_{max} = \dfrac{\lambda_0}{2T_M} = \dfrac{\lambda_0 f_M}{2}$，$\lambda_0$ 是引信工作波长。因此，为了防止出现距离模糊，一般要求满足 $2R_{max}/c \ll 1/f_M$；而为防止出现速度模糊，要求满足 $f_M \gg \dfrac{2V_{max}}{\lambda_0} = f_{dmax}$。

因此，调制脉冲频率应满足：

$$\frac{2R_{max}}{c} \ll \frac{1}{f_M} \ll \frac{1}{f_{dmax}} \tag{5-10}$$

当满足上述条件时，$f_M \gg f_{d\,max}$ 能够完全满足抽样定理，由取样信号可以完全恢复多

普勒信号。

不模糊距离与不模糊速度之间存在矛盾，其乘积为一常数，即

$$R_{max} V_{max} = \frac{c\lambda_0}{4} \tag{5-11}$$

因此，设计中应综合考虑不模糊距离与不模糊速度问题。

5.3 线性调频脉冲压缩引信

脉冲压缩引信能够同时兼顾距离分辨力和速度分辨力要求，其脉冲压缩采用线性调频脉冲压缩体制，该方法是指将线性频率调制（二次相位调制）加在幅度恒定的脉冲上，以相等的时间发射占据频率范围 Δf 内的每个频率，所产生的频谱在范围 Δf 内是均匀的。

5.3.1 线性调频脉冲压缩引信原理

线性调频脉冲压缩引信组成原理框图如图 5-5 所示。其工作原理如下：锯齿波信号发生器产生锯齿波调制信号对振荡器进行线性调频，脉冲信号发生器对已调线性调频信号进行脉冲调制，产生射频线性调频脉冲压缩信号，经环形器由天线向外发射。目标回波信号由同一天线接收，经环形器，进入脉冲压缩信号处理器进行信号处理。压缩处理后的信号，经视频放大、检波、信号处理后推动执行级工作。

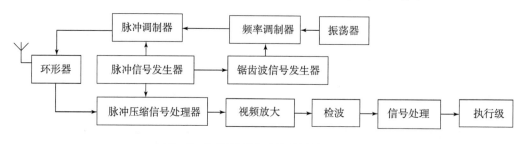

图 5-5 线性调频脉冲压缩引信原理框图

5.3.2 线性调频脉冲压缩引信信号参数的选择

1. 脉冲压缩信号处理器设计

脉冲压缩信号处理器输出的压缩脉冲等于信号频谱 $H(\omega)$ 和匹配滤波器响应 $H^*(\omega)$ 乘积的逆傅里叶变换。

$$y(t) = \frac{1}{2\pi}\int_{-\infty}^{+\infty} |H(\omega)|^2 e^{j\omega t} d\omega \tag{5-12}$$

用脉冲冲激时间响应来表示时，其输出是接收信号和发射信号的相关输出，即

$$y(t) = \int_{-\infty}^{+\infty} h(\tau)h^*(t-\tau)\mathrm{d}\tau \qquad (5-13)$$

其频域脉冲压缩处理流程、时域脉冲压缩信号处理流程图如图 5-6 和图 5-7 所示。

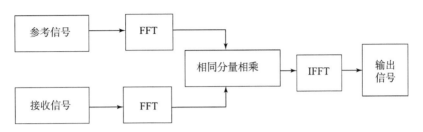

图 5-6　频域脉冲压缩处理流程

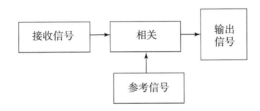

图 5-7　时域脉冲压缩处理流程

脉冲压缩信号处理器输出通常伴有其他距离上的响应，即时间或距离副瓣，因此，对输出信号需进行加权来降低副瓣。加权可以在发射端或接收端上进行，其方式可以是频域上幅度或相位加权，也可以是时域上幅度或相位加权。以接收端为例，给出其处理流程图，如图 5-8 所示。

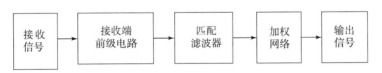

图 5-8　接收端幅度加权原理框图

引入加权网络实际上是对信号进行失配处理，加权在减小旁瓣幅值的同时，主瓣峰值也会受到损失，同时会增加主瓣宽度。也就是说，加权处理是建立在损失信噪比、降低距离分辨力的基础上的。

一种通用的加权函数数学表达式为：

$$H(f) = k + (1-k)\cos^n\left(\frac{\pi f}{B}\right) \qquad (5-14)$$

式中，当 $k=0.08$，$n=2$ 时，为 Hamming（海明）加权函数；当 $k=0.333$，$n=2$ 时，为 3∶1 的锥比加权函数；当 $k=0$，$n=2$、3、4 时，分别表示余弦 2、3、4 次方加权

函数。

2. 线性调频脉冲压缩引信分辨力

设载频角频率为 ω_0，线性调频脉冲压缩引信发射信号为：

$$u_T(t) = \begin{cases} \cos(\omega_0 t + \pi K t^2), & 0 < t < T_m \\ 0, & \text{其他} \end{cases} \quad (5-15)$$

对于静止目标来说，目标回波信号为：

$$u_R(t) = \begin{cases} \cos[\omega_0(t - \tau_0) + \pi K(t - \tau_0)^2], & 0 < (t - \tau_0) < T_m \\ 0, & \text{其他} \end{cases} \quad (5-16)$$

式中，$\tau_0 = \dfrac{2R}{c}$，R 是弹目之间的距离，c 为光速。

线性调频信号的分辨力为：

$$\Delta R = c / \Delta f \quad (5-17)$$

式中，Δf 表示调频信号的带宽。

对目标运动来说，设弹目相对运动速度为 v，目标回波信号为：

$$\begin{aligned} u_r(t) &= \cos[\omega_0(t - \tau) + \pi K(t - \tau)^2] \\ &= \cos\left[\omega_0\left(t - \tau_0 + \frac{2v}{c}t\right) + \pi K\left(t - \tau_0 + \frac{2v}{c}t\right)^2\right] \\ &= \cos\left\{\omega_0(t - \tau_0) + \omega_d t + \pi K\left[t\left(1 + \frac{2v}{c}\right) - \tau_0\right]^2\right\} \quad (5-18) \end{aligned}$$

从式（5-18）可见，目标回波信号的谱线产生了多普勒（ω_d）位移，导致脉冲压缩处理性能下降。但考虑到通常 $f_d \ll \Delta f$，因此，影响可以忽略。

5.4　脉冲伪随机码复合体制引信

5.4.1　伪随机码原理

脉冲伪随机码复合信号是指用伪随机码对高频脉冲进行调制后，产生的复合脉冲信号再对载波进行调相的信号。其复合脉冲信号根据调制方式的不同，又可分为伪随机码对高频脉冲进行脉冲幅度调制（PAM）的伪随机码调相信号和进行脉冲位置调制（PPM）的伪随机码调相信号。对应的复合脉冲分别称为 PAM 伪随机码和 PPM 伪随机码。用 PAM 伪随机码对载波调相的引信，相当于对伪随机码调相后的信号进行 PAM，因此，称此种引信为伪随机码调相与 PAM 复合引信；用 PPM 伪随机码对载波调相的引信，相当于对伪随机码调相后的信号进行 PPM，因此称此种引信为伪随机码调相与

PPM 复合引信。这两类引信合称为伪随机码调相脉冲压缩引信。

5.4.1.1 PAM 伪随机码

PAM 伪随机码是脉冲幅度调制与伪随机二相码复合码的简称，有时也称为脉间伪随机二相码，该复合码的子脉冲幅度是由伪随机码决定的，子脉冲的重复周期和子脉冲的宽度是恒定的。通常伪随机码采用宽度为 T_m 的脉冲调制，此时 T_m 即为伪随机码码元宽度。PAM 伪随机码的调制脉冲宽度 $T_P \ll T_m$，因此其码宽远小于伪随机码码宽，调制时，取伪随机码码宽 T_m 为脉冲重复周期 T_{r1} 的整数倍，即 $T_m = jT_{r1}$，这里仅讨论 $j = 1$ 的情况。

1. PAM 伪随机码 $u_{\mathrm{PAM}}(t)$ 的表示方法

设脉冲宽度为 T_P，重复周期为 T_{r1} 的高频脉冲串信号表示式为：

$$u_{\mathrm{pul}}(t) = \sum_{i=-\infty}^{\infty} \mathrm{rect}\left(\frac{t - iT_{r1} - T_P/2}{T_P}\right) \tag{5-19}$$

式中，$\mathrm{rect}(t/T_P) = \begin{cases} 1, & -1/2 \leqslant t/T_P \leqslant 1/2 \\ 0, & \text{其他} \end{cases}$。

已知伪随机码码元宽度为 T_m，周期为 $T_{r2} = PT_m$ 的数学表示式为：

$$p(t) = \sum_{k=-\infty}^{\infty} \sum_{i=0}^{P-1} \mathrm{rect}\left(\frac{t - \dfrac{T_m}{2} - iT_m - kT_{r2}}{T_m}\right) C_i \tag{5-20}$$

式中，P 为伪随机序列长度；$C_i = \{+1, -1\}$，为双极性伪随机码序列。

令 $T_m = T_{r1}$，则 PAM 伪随机码 $u_{\mathrm{PAM}}(t)$ 可表示为：

$$u_{\mathrm{PAM}}(t) = \sum_{k=-\infty}^{\infty} \sum_{i=0}^{P-1} \mathrm{rect}\left(\frac{t - \dfrac{T_P}{2} - iT_{r1} - kT_{r2}}{T_P}\right) C_i \tag{5-21}$$

由式（5-21）可知：

①当 $T_{r1} = T_P$，$T_{r2} = PT_P$，$C_i = \{+1, -1\}$ 时，表示连续波伪随机码信号，即伪随机二相码信号。

②当 $T_{r1} > T_P$，$T_{r2} = PT_{r1}$，$C_i = \{1\}$ 时，表示相参脉冲串信号。

③当 $T_{r1} > T_P$，$T_{r2} = PT_{r1}$，$C_i = \{+1, -1\}$ 时，表示 PAM 伪随机码信号，或脉间伪随机二相码脉冲串信号。

2. PAM 伪随机码的归一化自相关函数

由于 PAM 伪随机码信号具有周期性，求自相关函数时，讨论一个周期积分时间，取第 0 个周期，即令式（5-21）中 $k=0$，可得

$$R(\tau) = \frac{1}{T_{r2}} \int_0^{T_{r2}} u_{PAM}(t) u_{PAM}(t + \tau) \, dt$$

$$= \frac{1}{PT_{r2}} \sum_{i=0}^{P-1} \left(\sum_{k=0}^{P-1} C_i C_k \right) \int_0^{T_{r2}} \text{rect} \left(\frac{t - iT_{r1} - \frac{T_P}{2}}{T_P} \right) \text{rect} \left(\frac{t - kT_{r1} + \tau - \frac{T_P}{2}}{T_P} \right) dt$$

$$(5-22)$$

式中，$\sum\limits_{i=0}^{P-1} \left(\sum\limits_{k=0}^{P-1} C_i C_k \right)$ 为 m 序列的自相关函数。

由式（5-22）可知：

①$0 \leqslant \tau \leqslant T_P$，或当且仅当 $i = k$ 时，两个子脉冲相关值存在，此时有 $\sum\limits_{i=0}^{P-1} \left(\sum\limits_{k=0}^{P-1} C_i C_k \right) = P$，式（5-22）简化为：

$$R(\tau) = \frac{1}{T_{r2}} \int_0^{T_{r2}} \text{rect} \left(\frac{t - iT_{r1} - T_P/2}{T_P} \right) \text{rect} \left(\frac{t - iT_{r1} + \tau - T_P/2}{T_P} \right) dt$$

$$= \frac{1}{T_{r2}} \int_0^{T_{r2}} \text{rect} \left(\frac{t - T_P/2}{T_P} \right) \text{rect} \left(\frac{t + \tau - T_P/2}{T_P} \right) dt$$

$$= \frac{1}{T_{r2}} \frac{T_P - |\tau|}{T_P}$$

$$(5-23)$$

故归一化后得主相关峰为：

$$R(\tau) = 1 - \frac{|\tau|}{T_P} \qquad (5-24)$$

可见，PAM 伪随机码信号的归一化相关函数的主峰与调制伪随机码无关，并且和均匀相参脉冲串信号的自相关主峰是一致的。若考虑多个周期的情况，则主峰出现的周期即为信号周期 T_{r2}，可见伪随机码调制的作用是降低自相关函数的副瓣，从而提高主副瓣峰值比。

②$mT_{r1} \leqslant \tau \leqslant mT_{r1} + T_P, m = 1, \cdots, P - 1$，此时 $\sum\limits_{i=0}^{P-1} \left(\sum\limits_{k=0}^{P-1} C_i C_k \right) = -1$，式（5-22）简化为：

$$R(\tau) = \frac{-1}{PT_{r2}} \int_0^{T_{r2}} \text{rect} \left(\frac{t - iT_{r1} - T_P/2}{T_P} \right) \text{rect} \left(\frac{t - kT_{r1} + \tau - T_P/2}{T_P} \right) dt$$

$$= \frac{-1}{PT_{r2}} \frac{T_P - |\tau - mT_{r1}|}{T_P}$$

$$(5-25)$$

故归一化后得非主相关峰为：

$$R(\tau) = -\frac{1}{P} + \frac{|\tau - mT_{r1}|}{PT_P} \qquad (5-26)$$

③脉冲无重叠

$$R(\tau) = 0 \tag{5-27}$$

考虑多个周期的情况，可得 PAM 伪随机码的归一化自相关函数为：

$$R(\tau) = \begin{cases} 1 - \dfrac{|\tau - nT_{r2}|}{T_P}, & |\tau - nT_{r2}| \leqslant T_P, n \in R \\ -\dfrac{1}{P} + \dfrac{|\tau - mT_{r1} - nT_{r2}|}{PT_P}, & |\tau - mT_{r1} - nT_{r2}| \leqslant T_P, m = 1, \cdots, P-1 \\ 0, & \text{其他} \end{cases} \tag{5-28}$$

由此可得，PAM 伪随机码的自相关函数具有周期对偶性，周期为 $T_{r2} = PT_P$。在主峰附近没有类似伪随机码自相关函数的均匀负值，所有副峰的形状和大小相同，其第一副峰距主峰 $T_{r1} = T_m$（对应距离 $R = cT_{r1}/2$），幅值为主峰的 $1/P$，每个周期内的副峰与副峰之间的距离均为 T_{r1}。

3. PAM 伪随机码的功率谱

已知幅度为 A，宽度为 τ，周期为 T 的周期三角形脉冲串的傅里叶变换：

$$G(f) = \frac{A\tau}{T} \left(\frac{\sin \pi f \tau}{\pi f \tau} \right)^2 \sum_{n=-\infty}^{\infty} \delta\left(f - \frac{n}{T} \right) \tag{5-29}$$

因此，可得到 PAM 伪随机码的功率谱：

$$\begin{aligned} G_{\mathrm{PAM}}(f) = &\frac{2T_P}{T_{r2}} \left(\frac{\sin 2\pi f T_P}{2\pi f T_P} \right)^2 \sum_{n=-\infty}^{\infty} \delta\left(f - \frac{n}{T_{r2}} \right) + \\ &\frac{1}{P} \frac{2T_P}{T_{r2}} \left(\frac{\sin 2\pi f T_P}{2\pi f T_P} \right)^2 \sum_{n=-\infty}^{\infty} \delta\left(f - \frac{n}{T_{r2}} \right) - \\ &\frac{1}{P} \frac{2T_P}{T_{r1}} \left(\frac{\sin 2\pi f T_P}{2\pi f T_P} \right)^2 \sum_{m=-\infty}^{\infty} \delta\left(f - \frac{m}{T_{r1}} m/T_{r1} \right) \end{aligned} \tag{5-30}$$

因为 $PT_{r1} = T_{r2}$，所以

$$G(f) = \frac{2T_P(p+1)}{pT_{r2}} \left(\frac{\sin 2\pi f T_P}{2\pi f T_P} \right)^2 \sum_{\substack{n=-\infty \\ n \neq kp}}^{\infty} \delta(f - n/T_{r2}) + \frac{2T_P}{pT_{r2}} \left(\frac{\sin 2\pi f T_P}{2\pi f T_P} \right)^2 \sum_{\substack{n=-\infty \\ n = kp}}^{\infty} \delta(f - n/T_{r2}) \tag{5-31}$$

式中，$k = 0, \pm 1, \pm 2, \cdots$。

其功率谱图如图 5-9 所示。

从图 5-9 可知，功率谱具有如下特点：

①功率谱密度的包络由两个宽度相同、幅值不同的包络组成。大包络幅值为 $\dfrac{T_P(P+1)}{PT_{r2}} \left(\dfrac{\sin \pi f T_P}{\pi f T_P} \right)^2$，小包络幅值为 $\dfrac{T_P}{PT_{r2}} \left(\dfrac{\sin \pi f T_P}{\pi f T_P} \right)^2$。包络宽度由脉冲宽度 T_P 决定，

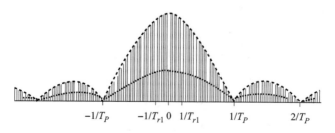

图 5 - 9 PAM 伪随机码波形的功率谱

即 PAM 伪随机码的频带宽度取决于脉冲宽度，因此，PAM 伪随机码频带较宽，其等效带宽约为 $1/T_P$。

②功率谱是线状谱，大包络相邻谱线间隔为 $1/T_{r2}$，小包络相邻谱线间隔为 $1/T_{r1}$。

4. PAM 伪随机码的模糊函数

根据模糊函数性质，可推出 PAM 伪随机码的归一化模糊函数为

$$|\chi_{\mathrm{PAM}}(\tau,f_d)| = \frac{1}{NP} \sum_{i=-(N-1)}^{N-1} \left| \frac{\sin[\pi f_d P T_{r2}(N-|i|)]}{\sin(\pi f_d P T_{r2})} \right| \cdot$$

$$\left[\sum_{j=-(P-1)}^{-1} |\chi_1(\tau - jT_{r1} + iT_{r2}, f_d)| \sum_{k=0}^{P-1-|j|} C_k C_{k+|j|} + \sum_{j=0}^{P-1} |\chi_1(\tau - jT_{r1} + iT_{r2}, f_d)| \sum_{l=0}^{P-1-|j|} C_{l+|j|} C_l \right]$$

$$(5-32)$$

式中，N 为 PAM 伪随机码波形的周期数；

$$|\chi_1(\tau - jT_{r1} + iT_{r2}, f_d)| =$$

$$\begin{cases} \dfrac{\sin\pi f_d(T_{r1} - |\tau - |j|T_{r1} + iT_{r2}|)}{\pi f_d(T_{r1} - |\tau - |j|T_{r1} + iT_{r2}|)} \cdot \dfrac{(T_{r1} - |\tau - |j|T_{r1} + iT_{r2}|)}{T_{r1}}, & |\tau - |j|T_{r1} + iT_{r2}| < T_{r1} \\ 0, & \text{其他} \end{cases}$$

5.4.1.2 PPM 伪随机码

PPM 伪随机码是随机脉冲位置调制伪随机二相码的简称，其波形表达式为

$$u_{\mathrm{PPM}}(t) = \sum_{k=-\infty}^{\infty} \sum_{j=0}^{P-1} \mathrm{rect}\left(\frac{t - T_P/2 - X_i T_P - jT_r - kPT_r}{T_P} \right) C_j \qquad (5-33)$$

式中，X_i 为 $[0, M]$ 上均匀分布的随机变量，当 $i \neq j$ 时，X_i 与 X_j 相互独立；脉冲重复周期 $T_r = HT_P$；X_i、H、M 为正整数，且 $M \leq H-1$；定义 $C_i = M/H$，为调制系数；其余参数同前。

PPM 伪随机码包括伪随机 PPM 伪随机码（后面简称 PRPPM 伪随机码）和随机 PPM 伪随机码（后面简称 RPPM 伪随机码），但在一个伪随机码周期内来看，都是随机脉位调制的。

PRPPM 伪随机码波形的自相关函数为

$$R_{\mathrm{PRPPM}}(\tau) = \begin{cases} 1 - \dfrac{|\tau - kPT_r|}{T_P}, & |\tau - kPT_r| \leqslant T_P \\ \dfrac{1}{PT_P} \displaystyle\sum_{i=0}^{P-1} \sum_{j=0, j \neq i}^{P-1} C_i C_j (T_P - |\tau - D_{i,j} - nPT_r|), & |\tau - D_{i,j} - kPT_r| \leqslant T_P \\ 0, & \text{其他} \end{cases}$$

$$(5-34)$$

式中，$D_{i,j} = C'_j - C'_i + (j-i)T_r$，其中 C_i、C'_i 分别表示同一个伪随机码序列的串行和并行输出。

PRPPM 伪随机码波形的功率谱为

$$G_{\mathrm{PRPPM}}(f) = \left[\frac{T_P}{PT_r} Sa(\pi f T_P) \right]^2 \left| \sum_{i=0}^{P-1} C_i \mathrm{e}^{-\mathrm{j}2\pi f\left(X_i + iP + \frac{1}{2} \right)T_P} \right|^2 \sum_{n=-\infty}^{\infty} \delta\left(f - \frac{n}{PT_r} \right) \quad (5-35)$$

PRPPM 伪随机码波形的模糊函数为

$$|\chi_{\mathrm{PRPPM}}(\tau, f_d)| = \frac{1}{MP} \sum_{i=-(M-1)}^{M-1} \frac{\sin\left[\pi f_d PT_r (M - |i|) \right]}{\sin(\pi f_d PT_r)} \cdot$$

$$\left[\sum_{j=0}^{P-1} \sum_{k=0}^{P-1-|j|} C_{k+|j|} C_k |\chi_1(\tau - jT_r + iPT_r + (C'_k - C'_{k+|j|})T_P, f_d)| + \right.$$

$$\left. \sum_{j=-(P-1)}^{-1} \sum_{l=0}^{P-1-|j|} C_l C_{l+|j|} |\chi_1(\tau - jT_r + iPT_r + (C'_l - C'_{l+|j|})T_P, f_d)| \right] \right\}$$

$$(5-36)$$

式中，

$$|\chi_1(\tau - jT_r + iPT_r + (C'_l - C'_{l+|j|})T_P, f_d)|$$

$$= \begin{cases} \dfrac{\sin\{\pi f_d[T_P - |\tau - |j|T_r + ipT_r + (C'_{l+|j|} - C'_l)T_P|]\}}{\pi f_d T_P}, & |\tau - |j|T_r + ipT_r + (C'_{l+|j|} - C'_l)T_P| < T_P \\ 0, & \text{其他} \end{cases}$$

5.4.2　PAM 伪随机码调相与脉冲多普勒复合引信原理

伪随机码引信具有检测灵敏度高、抗识别干扰能力强和无模糊距离测量等特点，但距离副瓣的存在降低了抗分布式杂波干扰能力。脉冲多普勒引信的二维自相关函数在一定范围内为单调值，距离截止特性好，抗分布式杂波干扰的能力强。但是，引信接收机对发射信号的检测灵敏度低，并且容易产生距离模糊。

采用伪随机码和脉冲多普勒复合体制的引信则兼具二者的优点，同时又克服了它们各自的不足，是一种较好的信号形式。采用这种信号的引信采取相关检测技术，保证了引信对发射信号具有较高的检测灵敏度，降低了对发射机功率的要求。另外，其抗地杂波、海杂波的能力也较强。

伪随机码调相与脉冲多普勒复合体制引信的工作原理框图如图5-10所示。

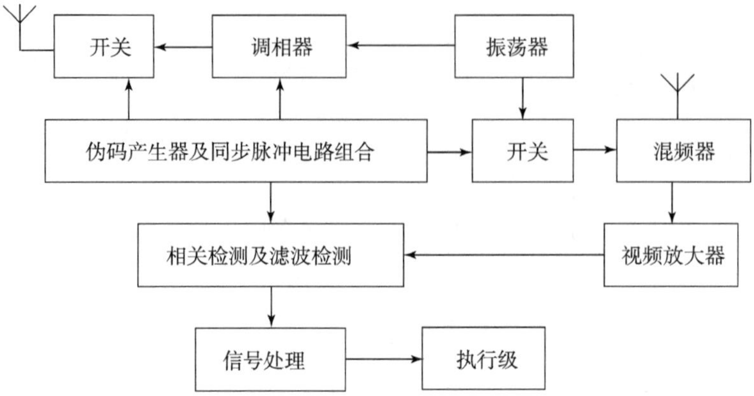

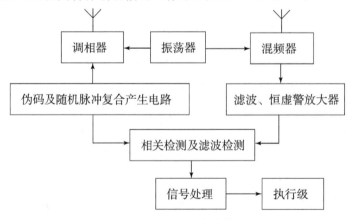

图5-10 伪随机码调相与脉冲多普勒复合体制引信原理图

伪随机码产生器及同步脉冲电路组合模块产生伪随机码，对振荡器载频进行$0/\pi$调相，同时控制开关通断，对已调信号进行脉冲调制，产生PAM伪随机码复合调制信号，由天线向外辐射；回波信号经距离选通门，限定引信作用距离，同时滤掉脉冲间隔内的噪声，通过与本振信号进行混频，得到视频复合码脉冲信号与多普勒信号的乘积项；经视频放大器处理后，与本地延迟的复合伪随机码进行相关处理，得到多普勒频率调幅脉冲列，经多普勒滤波、幅度检波，再经信号处理后输出点火信号，进而推动执行级工作。

5.4.3 PPM伪随机码调相脉冲多普勒复合引信原理

PPM伪随机码调相复合体制引信兼顾了脉冲多普勒引信和噪声引信的优点，相对于前两种体制而言，被截获概率更低，抗干扰性能更优。

PPM伪随机码调相复合体制引信的工作原理如图5-11所示。

图5-11 PPM伪随机码调相复合体制引信原理图

发射信号为

$$u_T(t) = A_T u_{\text{PPM}}(t)\cos(\omega_0 t + \varphi_0) \tag{5-37}$$

式中，A_T 为发射信号的幅值；ω_0 为载波角频率；φ_0 为初相位；$u_{\text{PPM}}(t)$ 为 PPM 伪随机码。

回波信号为

$$\begin{aligned}
u_R(t) &= A_R u_{\text{PPM}}(t-\tau)\cos[\omega_0(t-\tau) + \varphi_0] \\
&= A_R u_{\text{PPM}}(t-\tau)\cos[(\omega_0 + \omega_d)t + \varphi_0]
\end{aligned} \tag{5-38}$$

式中，A_R 为回波信号幅度；τ 为回波信号延迟；ω_d 为多普勒频率。

混频器的输出差频信号为

$$u'_I(t) = A_I u_{\text{PPM}}(t-\tau)\cos(\omega_d t + \varphi_1) \tag{5-39}$$

式中，A_I 为混频器的输出信号幅度；φ_1 为相移。

经滤波、恒虚警放大器的输出信号为

$$u_I(t) = u_{\text{PPM}}(t-\tau)\cos(\omega_d t + \varphi_1) \tag{5-40}$$

相关器的输出信号为

$$u_r(t) = R_{\text{PPM}}(\tau - \tau_d)\cos(\omega_d t + \varphi_1) \tag{5-41}$$

式中，τ_d 为本地 PPM 伪随机码的延迟时间；$R_{\text{PPM}}(\tau)$ 为 PPM 伪随机码波形的自相关函数。

相关器的输出信号多普勒滤波、幅度检波得到目标的距离和速度信息，经信号处理后输出点火信号，进而推动执行级工作。

5.4.4　伪随机码调相与正弦调频复合脉冲体制引信

伪随机码调相与正弦调频复合脉冲引信原理框图如图 5-12 所示。其工作过程描述如下：

在同步时钟信号控制下，引信分别由正弦波产生器、脉冲产生器和伪随机码产生器产生正弦波调制信号 $u_m(t)$、脉冲调制信号 $u_p(t)$ 和伪随机码调相信号 $p(t)$。正弦波调制信号 $u_m(t)$ 分成两路：一路进入频率调制器对射频振荡器产生的射频信号 $u_L(t)$ 进行调频，得到正弦波调频载波信号 $u_{fm}(t)$，该已调频信号作为 0/π 调相器的本振源；另一路根据引信系统设计要求，对正弦波调制频率进行 n 倍频，作为引信信号处理中二次混频器的第二本振源。

脉冲调制信号 $u_p(t)$ 进入脉冲调制器对伪随机码信号进行脉冲调制，得到伪随机码脉冲复合信号 PAM 码 $u_{\text{PAM}}(t)$。PAM 码 $u_{\text{PAM}}(t)$ 再通过 0/π 调相器对本振源正弦波调频载波信号 $u_{fm}(t)$ 进行调相，经功率放大，由发射天线向目标方向辐射。

发射信号 $u_T(t)$ 遇到目标后，部分能量被目标反射回来并由接收天线接收。将接收到的回波信号 $u_R(t)$ 与来自发射机耦合输出的正弦调频信号 $u_{fm}(t)$ 在射频混频器中

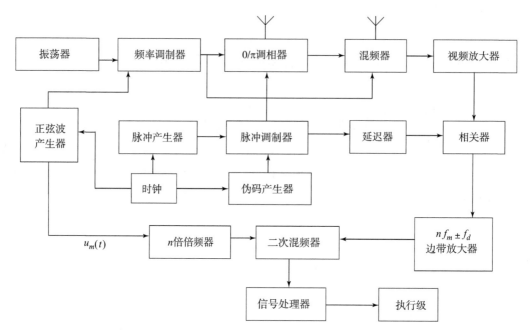

图 5-12 伪随机码调相与正弦调频复合脉冲引信原理框图

进行混频，滤除高频分量后，得到携带目标距离信息和速度信息的伪随机码 PAM 复合码延时码和正弦调频差频信号的复合信号 $u_{i1}(t)$。将此信号与本地延时的伪随机码 PAM 复合码参考码 $u_{PAM}(t-\tau_d)$ 在相关器中进行相关处理，再将相关处理后的信号 $u_R(t)$ 通过边带滤波器滤波、放大，提取 n 次差频谐波分量（通常 n 选为偶数）$u_n(t)$。该 n 次差频谐波分量在二次混频器中与第二本振即 n 倍频正弦调制信号相混频，经低通滤波、恒虚警放大和多普勒信号处理，得到含目标速度信息的多普勒信号 $u_d(t)$。经信号处理后输出点火信号，进而推动执行级工作。

伪随机码调相与正弦调频复合脉冲引信的发射信号可表示为

$$u_T(t) = A_T u_{PAM}(t)\cos(\omega_0 t + m_f \sin\omega_m t) \qquad (5-42)$$

式中，A_T 为发射电压信号幅值；$u_{PAM}(t)$ 为伪随机 PAM 复合码；ω_0 为载波角频率；m_f 为调频指数；ω_m 为调制信号角频率。

$u_{PAM}(t)$ 表达式为

$$u_{PAM}(t) = \sum_{j=-\infty}^{\infty}\sum_{i=0}^{P-1} \text{rect}\left(\frac{t - iT_r - jPT_r - T_P/2}{T_P}\right)C_i \qquad (5-43)$$

式中，矩形脉冲 $\text{rect}(t/T_c) = \begin{cases} 1, & -T_c/2 \leq t \leq T_c/2 \\ 0, & \text{其他} \end{cases}$，$T_c$ 为伪随机码码元宽度；T_P 为调制脉冲宽度；T_r 为调制脉冲重复周期；P 为伪随机码码长；$C_i = \{+1, -1\}$，为双极性的伪随机序列。

伪随机码调相与正弦调频复合脉冲引信的工作原理同伪随机码调相与正弦调频复合调制连续波引信的工作原理相似，信号作用过程类似，于是，同理可得 PRCPM – SFM 复合脉冲引信相关器的输出信号为

$$u_R(\tau) = \frac{1}{PT_c} \int_0^{PT_c} u_{\text{PAM}}(t - \tau) u_{\text{PAM}}(t - \tau_d) \cos\omega_d t \mathrm{d}t \qquad (5-44)$$

相关器输出信号 $u_R(t)$ 经多普勒滤波与信号处理电路，即可得到关于目标的距离信息和多普勒信息。当弹目达到预定距离时，信号处理电路输出点火信号，进而推动执行级工作。

5.5　超宽带引信

超宽带是就信号的相对带宽而言的，当信号的带宽与中心频率之比大于 25% 时，称为超宽带（UWB）信号；在 1% ~ 25% 之间为宽带（WB）；带宽与中心频率之比小于 1% 的，称为窄带（NB）。

所谓超宽带无线电引信，即工作带宽大于或等于其中心频率 25% 的无线电引信。典型的超宽带无线电引信由波形产生器、发射机、接收机、收/发天线和信号处理器等部件组成。波形产生器产生超宽带信号波形，比如冲击脉冲、线形调频脉冲压缩信号、随机噪声等。冲击信号可采用单个脉冲、一个或几个周期正弦波，发射脉冲宽度为纳秒量级，从而获得超宽带信号。线形调频脉冲压缩信号，通过加大调频带宽，可以获得超宽带信号。随机噪声信号是比较理想的超宽带信号，但接收、匹配处理比较困难，有待进一步研究。

超宽带无线电引信是一种新型脉冲无线电引信，与常规窄带无线电引信相比，具有以下优点：

（1）抗干扰性能好

超宽带引信发射的极窄脉冲占有很宽频带，采用脉冲重复频率捷变技术后，更进一步扩展了其频谱，使之具有类似热噪声性质，极具隐蔽性；普通干扰机的接收机覆盖范围小于超宽带无线电引信的工作频率范围，只能接收到部分引信信号，无法获取引信的完整参数，因而难以进行截获和引导，并进行瞄准式和回答式干扰。若加大干扰的频带宽度，就会降低干扰信号的功率谱密度，使干扰的效果减弱。若要保持一定的干扰功率密度，则必须耗费过大功率，难以实现。

（2）反隐身能力强

当前的隐身技术，无论是隐身涂料或是隐身结构，均在一定的频带内有效。在超宽带引信工作的频带内，目标总会在一定的频带内有较强的反射，将会被探测到。此外，超宽带引信发射的窄脉冲信号有可能激起目标谐振，从而产生较强反射，也有利

于对目标的探测。

（3）超宽带信号距离分辨力极高

理论上，距离分辨力 ΔR 与脉冲宽度 τ（或信号带宽 B）满足如下关系：

$$\Delta R = \frac{c\tau}{2} = \frac{c}{2B} \qquad (5-45)$$

超宽带雷达的脉冲宽度为 $0.1 \sim 1$ ns，脉冲上升时间可达到 ps 数量级，因此其频谱极宽，其距离分辨力可以达到厘米量级。

超宽带雷达的相对带宽大，可以分辨目标的许多散射点，将这些散射点的回波信号积累，从而改善了信噪比。

（4）具有良好的目标识别能力

由于引信发射脉冲的短时性，可以使目标不同区域的响应分离，使目标的特性突出，借此可进行目标的识别；此外，由于信号宽谱特性，可以激励起目标的各种响应模式，这也有助于目标识别。

（5）超近程探测能力

常规窄带无线电引信在探测超近程目标时，存在工作带宽大于或等于其中心频率25%的近程盲区，超宽带无线电引信的脉冲宽度极窄，其最短探测距离与距离分辨率大致相等，所以可超近程探测目标。

5.5.1　超宽带引信工作原理

超宽带无线电引信的频率特性见式（5-46）和式（5-47）：

$$\frac{2(f_H - f_L)}{f_H + f_L} \geq 20\% \qquad (5-46)$$

$$f_H - f_L \geq 500 \text{ MHz} \qquad (5-47)$$

式中，f_H、f_L 分别为感兴趣的最高和最低频率，也称为信号的上限和下限频率。它不是谐振电路和滤波器设计中所用的半功率点（-3 dB）频率。

超宽带无线电引信由发射天线、接收天线、窄脉冲发生器、时钟电路、变换电路、超宽带接收机等组成，如图 5-13 所示。

采用收、发两个天线，发射电路的作用是产生脉冲宽度小于 1 ns 的窄脉冲串，并通过发射天线发射出去；超宽带接收机的目标反射信号进行相关处理，变成目标回波信号；再通过信号处理电路，得出目标典型特征；通常目标信号幅值明显大于正常环境一般噪声信号幅值，因此，可以设定一个目标信号最小阈值 U_0。当信号幅值 $U > U_0$ 时，比较电路产生点火信号送执行级，否则认为是噪声信号。由于不同目标的信号幅值相差可达 10 倍，且同一目标信号的最大幅值与最小幅值相差也可达数十倍，因此，信号处理电路要处理的信号幅值散步范围也很大，故阈值的选取就十分关键。阈值选

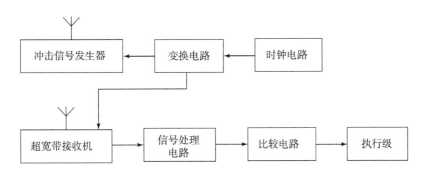

图 5 – 13　超宽带无线电引信工作原理框图

取过小，容易受环境噪声干扰，导致早炸；阈值选取过大，容易错过目标信号，导致弹丸未炸。

另一种典型超宽带引信原理框图如图 5 – 14 所示。

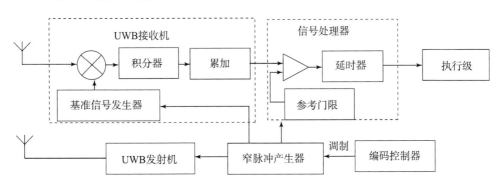

图 5 – 14　超宽带引信原理框图

其工作原理是编码控制器产生编码信号对窄脉冲产生器产生的超宽带窄脉冲进行调制（编码），已调制脉冲由 UWB 发射机放大，经天线向空间辐射超宽带电磁波信号。遇目标后，反射信号被 UWB 接收机接收天线所接收（也可以采用收发共用天线）。信号在每个采样周期对应的 1/4 波长（超宽带中心频率对应的波长）时间内积分。累加器输出信号送比较器后与参考门限比较，当满足设定的启动门限条件时，输出启动信号，推动执行级工作。

基准延时信号与接收的超宽带信号相关处理可以有以下几种不同的形式：

①点采样（point sampling）：用同步采样脉冲与接收的超宽带信号在乘法器中相乘，同步采样脉冲相对于超宽带脉冲更窄，其带宽更宽。

②匹配模板采样（matched template sampling）：接收的超宽带信号与匹配模板信号在乘法器中相乘，匹配模板信号与超宽带信号在形状和脉宽上完全一致。

③边沿（脉冲上升或下降沿）采样（signal transition（edge）sampling）：接收的超宽带信号与脉冲边沿在乘法器中相乘，边沿时间与定时（定距）要求一致。

④匹配滤波器（a matched filter system）：在点采样之前，先进行匹配滤波，然后再进行点采样处理。

⑤同步采样（a coherent system）：通过乘法器采样过程中，保持采样系统与超宽带信号相位同步，采样脉冲可以是单极性的，或是匹配模板信号，或是边沿采样，或是其他形式采样等。

经距离门采样得到的采样信号在一个固定的时间 t 内进行积分（取平均），通常该积分时间 t 远大于超宽带脉冲的平均重复周期 PRI，例如 PRI 取 100 ns，积分时间取 1 ms，则表明对采集得到的 10 000 个目标回波脉冲取平均。当目标经过设定的距离门时，其平均值会发生相应的变化。这一变化被累加器感知，累加器对积分器输出的变化信号进行累加后送比较器，与参考门限（阈值）比较。当满足设定的启动条件时，输出启动信号，推动执行级工作。

5.5.2 超宽带引信参数设计

1. 超宽带雷达信号模型

（1）超宽带信号模型

设发射信号为 $f(t)$，弹目相对运动速度为 v（相向运动时取 "$-v$"，相背离运动时取 "$+v$"），目标为理想的点目标，$t=0$ 时弹目距离为 R，则目标回波信号为

$$g(t) = kf(t - \tau(t)) = \sqrt{\frac{c-v}{c+v}}f\left(\frac{c-v}{c+v}t - \frac{2R}{c+v}\right) \tag{5-48}$$

式中，$\tau(t) = \tau_0 + \dfrac{2v}{c+v}(t - \tau_0), \tau_0 = \dfrac{2R}{c}$。

令 $s = \dfrac{c-v}{c+v}, \tau = \dfrac{2R}{c+v}$ 为尺度因子和时延，则

$$g(t) = \sqrt{s}f(s(t - \tau)) \tag{5-49}$$

式（5-49）称为信号的宽带模型。

（2）超宽带信号相关函数

对应于式（5-49）的目标回波信号模型，接收机匹配输出相关函数为

$$R(\tau) = \sqrt{s}\int_{\infty}^{\infty} g(t)f^*(s(t - \tau))\mathrm{d}t \tag{5-50}$$

当弹目之间不存在相对运动时，$s=1$，此时相关器输出为：

$$R(\tau) = \int_{\infty}^{\infty} g(t)f^*(t - \tau)\mathrm{d}t \tag{5-51}$$

（3）超宽带信号模糊函数

从衡量 2 个不同距离、不同速度的目标的分辨力的角度出发，来定义模糊函数。设目标 1 的回波信号为 $g_1(t) = \sqrt{s_1}f(s_1(t - \tau_1))$，目标 2 的回波信号为 $g_2(t) = $

$\sqrt{s_2}f(s_2(t-\tau_2))$，定义宽带模糊函数为

$$\chi(\tau,s) = \int_{\infty}^{\infty} \sqrt{s_1}f(s_1(t-\tau_1))\left[\sqrt{s_2}f(s_2(t-\tau_2))\right]^* \mathrm{d}t \qquad (5-52)$$

令 $\tau = s_1(\tau_2-\tau_1)$，$s = \dfrac{s_2}{s_1}$，则

$$\chi(\tau,s) = \sqrt{s}\int_{\infty}^{\infty} f(t)f^*(s(t-\tau))\mathrm{d}t \qquad (5-53)$$

式中，以目标 1 为基准，s、τ 为目标 2 相对于目标 1 的尺度及时延。

宽带模糊函数描述了宽带信号的距离、速度和距离速度二维联合分辨率的关系，当 $(s,\tau)=(1,0)$ 时，模糊函数 $\chi(\tau,s)$ 出现峰值。

2. 超宽带雷达距离方程

传统的基于正弦波的窄带信号，经信号变换后，如加、减、微分、积分等，具有保持正弦波波形的特性，其变化之处在于信号的幅度、时移或相位。而超宽带信号为无载波（无正弦波）信号，经信号变换后，其波形将发生变化。假设超宽带信号 $S_1(t)$ 以电流脉冲形式传输至天线进行辐射，一般天线增益随着频率的升高而加大，对天线来说，直流信号不具有辐射能力。根据电磁场理论，天线的传递函数可以认为是导数过程，即辐射信号的场强正比于天线电流的导数，也就是经天线辐射的信号为 $S_2 = \dfrac{\mathrm{d}S_1(t)}{\mathrm{d}t}$。假设天线辐射单元尺寸为 L，当超宽带信号的脉冲宽度 τ 满足 $\tau c < L$ 时（c 为光速），单个脉冲经天线辐射单元转变为多个离散的发射脉冲信号 τ_1，τ_2，…，τ_N，即 $S_3 = \displaystyle\sum_{k=1}^{N} \dfrac{\mathrm{d}S_1(t+\tau_k)}{\mathrm{d}t}$，且与各离散发射单元辐射方向角有关。

此外，通常对超宽带信号而言，当被照射的目标外形尺寸远大于 τc 时，目标可视为由 M 个散射点构成，可用多散射中心表示。超宽带接收机接收的目标回波信号为各散射点反射信号的合成，即

$$S_4 = \sum_{j=1}^{M}\sum_{k=1}^{N}\int \frac{\mathrm{d}S_1(t+\tau_k+\tau_j)}{\mathrm{d}t}\times h_m(t-\tau_j-\tau)\mathrm{d}t \qquad (5-54)$$

式中，$h_m(t-\tau_j-\tau)$ 为第 j 个散射点的冲激响应。

因此，实际的超宽带目标回波信号的回波脉冲数 M、时延 τ_j、回波信号强度取决于目标形状和目标散射单元的冲激响应 $h_m(t)$。图 5-15 所示为超宽带信号发射接收链路中的波形转换示意图。

由此可见，在超宽带条件下，目标回波信号与发射信号波形、信号的持续时间、发射天线、目标的形状、散射点处目标的冲击响应，甚至信号在大气中传播的衰减（不同频率衰减大小不同）等有关。因此，在超宽带信号条件下，雷达距离方程所描述的雷达作用距离已不是一个常数。

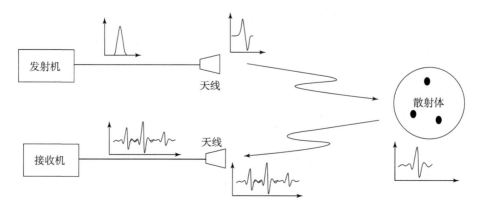

图 5 – 15 超宽带时域信号链路

超宽带雷达距离方程为：

$$R(s,t) \leqslant \sqrt[4]{\frac{ED(\theta,\phi,S,t)\sigma_{\mathrm{UWB}}(t)A(\theta,\phi,S,t)}{(4\pi)^2 \rho q N_0}} \qquad (5-55)$$

式中，E 为辐射信号的能量；D 为天线方向性系数，它与发射天线方向性图、发射天线方向性、发射脉冲波形及时间有关；σ_{UWB} 为目标散射截面积，它是一个时变参数，与各散射点雷达截面积有关；A 为雷达接收天线的有效截面积，同样，它与接收天线方向性图、接收天线方向性、接收脉冲波形及时间有关；ρ 为雷达系统总的损耗；q 为信噪比门限；N_0 为噪声功率谱密度。

由上式可见，超宽带雷达距离方程描述的作用距离不是一个常数，它取决于超宽带脉冲信号波形、时间等参数。此外，超宽带信号收发过程的能量损耗远比窄带信号的要大。

3. 超宽带信号波形

常用的无载波超宽带信号主要有冲击脉冲、半余弦脉冲和高斯脉冲三种形式，其时域和频域数学表达式分别为：

（1）冲击脉冲

时域表达式：
$$p(t) = \begin{cases} 1, & -\dfrac{\tau}{2} < t < \dfrac{\tau}{2} \\ 0, & \text{其他} \end{cases} \qquad (5-56)$$

频域表达式：
$$P(\omega) = \frac{\tau\sin(\omega\tau/2)}{\omega\tau/2} = \tau Sa\left(\frac{\omega\tau}{2}\right) \qquad (5-57)$$

（2）半余弦脉冲

时域表达式：
$$p(t) = \begin{cases} \cos\left(\dfrac{\pi t}{\tau}\right), & -\dfrac{\tau}{2} < t < \dfrac{\tau}{2} \\ 0, & \text{其他} \end{cases} \qquad (5-58)$$

频域表达式：
$$P(\omega) = \frac{2\tau}{\pi} \frac{\cos\left(\frac{\omega\tau}{2}\right)}{1 - \left(\frac{\omega\tau}{\pi}\right)^2} \qquad (5-59)$$

（3）高斯脉冲

时域表达式：
$$p(t) = \frac{1}{\sqrt{2\pi}\sigma} e^{-\frac{t^2}{2\sigma^2}} \qquad (5-60)$$

频域表达式：
$$P(\omega) = e^{-\left(\frac{\omega\sigma}{\sqrt{2}}\right)^2} \qquad (5-61)$$

图 5-16 示出了这三种无载波超宽带信号的时域 $p(t)$ 波形和能量谱（$P^2(\omega)$）。

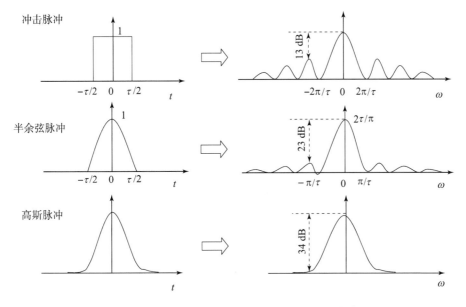

图 5-16　三种无载波超宽带信号的时域和频域波形

由图 5-16 可见，冲击脉冲信号的频谱除主瓣外，还有较大的副瓣，主副瓣之比为 13 dB，说明冲击脉冲信号能量集中度较差，能量利用率较低；余弦脉冲频谱副瓣较小，但仍有一定的副瓣值，其主副瓣之比为 23 dB；而高斯脉冲的频谱形状与时域波形相同，对应的副瓣最小，主副瓣比为 34 dB，能量集中度高。高斯脉冲的自相关函数和傅里叶变换仍然是高斯脉冲，这一特点使得通常在选择超宽带信号时优选高斯脉冲信号。

已知在式（5-60）中，σ 为方差，它是表示脉冲形状的参数，影响脉冲的宽度和幅度。σ 增大，脉冲幅度减小，脉冲宽度变宽。定义时延分辨常数 $A_\tau = \sigma\sqrt{2\pi}$，则高斯脉冲时域表达为：

$$p(t) = \frac{1}{\sqrt{2\pi}\sigma}\mathrm{e}^{-\frac{t^2}{2\sigma^2}} = \frac{1}{A_\tau}\mathrm{e}^{-\frac{t^2}{2\sigma^2}} \tag{5-62}$$

高斯脉冲的能量谱密度为：

$$E(\omega) = \left|\int_\infty^\infty p(t)\mathrm{e}^{-\mathrm{j}\omega t}\mathrm{d}t\right|^2 = \frac{1}{A_\tau^2}\mathrm{e}^{-(\sigma\omega)^2}\left|\int_\infty^\infty \mathrm{e}^{-\left(\frac{t}{\sqrt{2}\sigma}+\mathrm{j}\frac{\omega\sigma}{\sqrt{2}}\right)^2}\mathrm{d}t\right|^2 = \mathrm{e}^{-(\sigma\omega)^2} \tag{5-63}$$

式中，$\int_\infty^\infty \mathrm{e}^{-t^2}\mathrm{d}t = \sqrt{\pi}$。

高斯脉冲的傅里叶变换对如下：

$$p(t) \leftrightarrow \mathrm{e}^{-\left(\frac{\omega\sigma}{\sqrt{2}}\right)^2} \tag{5-64}$$

k 阶导数高斯脉冲的傅里叶变换对为：

$$p^{(k)}(t) \leftrightarrow (\mathrm{j}\omega)^k\mathrm{e}^{-\left(\frac{\omega\sigma}{\sqrt{2}}\right)^2} \tag{5-65}$$

因此，k 阶导数高斯脉冲的频谱为：

$$P(\omega) = \omega^k\mathrm{e}^{-\left(\frac{\omega\sigma}{\sqrt{2}}\right)^2} \tag{5-66}$$

显然，当 k 大于等于 1 时，不再有直流分量。

考察频谱的峰值，对式（5-66）两边求导，则 k 阶导数高斯脉冲的频谱函数的导数为：

$$\frac{\mathrm{d}P(\omega)}{\mathrm{d}\omega} = k\omega^{k-1}\mathrm{e}^{-\left(\frac{\omega\sigma}{\sqrt{2}}\right)^2} - \omega^k\mathrm{e}^{-\left(\frac{\omega\sigma}{\sqrt{2}}\right)^2}(\omega\sigma^2) \tag{5-67}$$

令 $\dfrac{\mathrm{d}P(\omega)}{\mathrm{d}\omega} = 0$，可求得幅度谱峰值对应的频率，即峰值频率：

$$f_0 = \frac{\omega}{2\pi} = \frac{\sqrt{k}}{2\pi\sigma} \tag{5-68}$$

由式（5-68）可见，当高斯脉冲的方差 σ 一定时，k 阶导数高斯脉冲的峰值频率随着 k 的增大而提高。

高斯脉冲时域波形 $p(t)$ 的任意阶导数的能量谱 $(E(\omega))^{(k)}$ 为：

$$(E(\omega))^{(k)} = (\omega)^{2k}\mathrm{e}^{-(\omega\sigma)^2} \tag{5-69}$$

4. 超宽带信号的调制方式

为提高抗干扰性能，超宽带信号在发射前一般要经过专门的调制。比较常用的编码调制方式有脉冲位置调制（PPM 调制）和二进制相移键控调制（BPSK 调制）。下面以一阶导数高斯脉冲信号作为基本的超宽带信号为例进行讨论。

（1）PPM 调制

PPM（Pulse-Position Modulation）调制是根据调制信息来改变超宽带信号脉冲位置的一种调制方式。当调制数据为 0 时，脉冲信号位置保持不变；当调制数据为 1 时，脉冲信号相对于原脉冲位置偏移位置 δ。

当调制信息 $b_k \in \{0,1\}$ 时，PPM 调制信号的数学表示式为：

$$s(t) = \sum_{k=-\infty}^{\infty} p(t - kT_f - b_k\varepsilon) = p(t) * \sum_{k=-\infty}^{\infty} \delta(t - kT_f - b_k\varepsilon) \qquad (5-70)$$

式中，$p(t)$ 是基本的超宽带信号；$\sum\limits_{k=-\infty}^{\infty} p(t - kT_f)$ 是发射的超宽带脉冲序列；T_f 是脉冲周期；ε 是脉冲位置偏移量。

当调制信息 b_k 等概率出现时，经过 PPM 调制后的脉冲信号的频谱函数为：

$$S(\omega) = P(\omega) \sum_{k=-\infty}^{\infty} e^{-j\omega(kT_f + b_k\varepsilon)} \qquad (5-71)$$

PPM 调制仅仅是根据调制信号来控制超宽带信号的位置的，而不需要对信号幅度和极性进行控制，因此降低了调制器和解调器的复杂度，易于物理实现。

（2）BPSK 调制

BPSK（Bi-phase Modulation）调制，有时也称为二进制极性调制（Bi-Pole Modulation）。它是脉冲幅度调制（PAM 调制）的一个特例。当调制数据为 1 时，发送一个正极性的脉冲；当调制数据为 -1 时，发送一个负极性的脉冲。

当调制信息 $b_k \in \{+1, -1\}$ 时，BPSK 调制信号的表达式为

$$s(t) = \sum_{k=-\infty}^{\infty} b_k p(t - KT_f) \qquad (5-72)$$

式中，$p(t)$ 是基本的超宽带信号；$\sum\limits_{k=-\infty}^{\infty} p(t - kT_f)$ 是发射的超宽带脉冲序列；T_f 是脉冲周期。

当调制信息 b_k 等概率出现时，经过 BPSK 调制后的脉冲信号的功率谱密度为：

$$S(f) = \frac{A^2}{T_f} |P(f)|^2 \qquad (5-73)$$

式中，$P(f)$ 是 $p(t)$ 的傅里叶变换。

可见，当调制信息 b_k 等概率出现时，经 BPSK 调制后的功率谱密度只有连续谱，没有离散谱，这是 BPSK 较其他调制方式的一大优点。但是，在调制信息 b_k 不等概率出现时，或是说在一段短的观察区间内，还是会有离散谱出现的。

5. 超宽带接收机

超宽带信号具有超宽频带和极低功率谱密度两大特点，这使得对应的超宽带接收系统性能要求非常高，高性能接收系统是实现信号处理的关键。

脉冲信号受到收发天线和传输信道的影响，出现脉冲畸变，导致难以实现准确的相关接收，因此需要考虑采用相应的均衡技术来消除脉冲畸变影响。

对超宽带信号的接收一般采用相干接收方式，即选用与发射信号相对应的本地模板信号与接收信号进行相关的方法。受信号密集多径传播特性的影响，接收到的超宽带信号能量分散于各多径路径之中。为提高信号能量的检测概率，大多采用多径信道

估计和多径能量的分集接收，同时考虑通过分析多径分量参数分布、合并算法、系统开销等因素优化现有的多径分集接收技术。

6. 天线理论与实现技术

超宽带通信系统的辐射信号频率高、带宽大，很多情况下直接完成窄脉冲的收发，同时，实际应用又对设备功耗和信号辐射功率谱密度提出了严格要求，这对超宽带无线电引信的收发天线提出了苛刻的性能要求。设计时，应选择和设计高性能、小型化、暂态性能好的超宽带天线。

第6章 捷变频无线电引信

6.1 捷变频无线电引信工作原理

6.1.1 捷变频无线电引信概述

频率捷变技术是能够快速改变无线电系统工作频率的技术，其用于扩展信号频率、增大系统频带，可以明显提升抗干扰性能。在无线电引信领域中，采用频率捷变技术产生的宽带引信称为频率捷变引信。频率捷变引信从波形类别上，可以分为频率捷变脉冲引信和频率捷变连续波引信，目前现有研究大多针对频率捷变脉冲体制引信，因此，本章主要介绍频率捷变脉冲体制引信。

从杂波去相关的角度来看，当脉冲宽度的倒数小于相邻脉冲之间的频率差，就可以称之为是频率捷变无线电引信；从抗干扰的角度来看，当相邻脉冲之间频率差达到引信的整个工作频带10%带宽以上时，能将其称为频率捷变无线电引信。但是，单发引信由于体积重量等各方面的限制，使得频率捷变的频点不能太多，带宽也不会特别宽。频率捷变技术的应用大大提高了引信的抗干扰能力，但是，为保证引信的定距精度必须采用合适的定距方法。

无线电引信的趋势是：为了主动抵抗干扰机的干扰，一方面，频率变化范围尽可能宽，频率变化速率尽可能快；另一方面，使用的频段更高，因为高频段范围内干扰机的输出功率受到更多的限制。为了提高定距的精度，可以使用测相定距、脉冲定距和调频定距等性能优良的测距方法。同时，从发射信号角度不断优化调制波形，向着调制规律无规则性发展。随着波形调制规律无规则性增强，其抗干扰能力将进一步得到提升。

捷变频无线电引信的优点主要有以下几点。

（1）抗干扰能力较强

无线电引信可采用多种抗干扰方法，主要可以分为时间选择、极化选择、频率选择和空间选择等，其中频率选择是最主要有效的方法之一。频率选择法中频率捷变又是最有效的方法之一，频率捷变无线电引信抗干扰能力与频率捷变范围和接收机带宽之比成正比。为了进一步提高其抗干扰性能，需要增加其频率捷变带宽。

（2）提高引信角分辨力和距离分辨力

当引信采用固定频率时，由于引信对目标视角的变化，两个相当大小的相邻目标引起不同的幅度波动，天线扫过目标会同时获得两个回波串，这两个回波串的幅度可能相差悬殊，并且积累后差别更大，从而使得相比强回波脉冲，弱回波脉冲信号难以分辨。当采用频率捷变技术后，两个回波脉冲串起伏的速率会加快，并且在累积之后，具有大致相等的幅度，从而分辨两个相当大小的相邻目标时，通过信号处理算法后，可以提高角分辨力和距离分辨力。

（3）增加作用距离

只要捷变频无线电引信相邻脉冲的跃频频率间隔大于临界频率，就可以使相邻回波幅度不相关。使目标回波由慢速起伏变为快速起伏，就可以消除由于目标回波慢速起伏所带来的检测损失，快速起伏的效果相当于对回波信号的幅度求平均值。因此，相对来说，在相同的条件下，捷变频较单一频率探测可增加作用距离。

（4）消除邻近引信的同频干扰

当采用捷变体制工作时，引信发射频率以近似随机的方式进行快速跳变，因此邻近工作的引信间同频率干扰的概率非常小。

（5）可以消除二次回波信号

对于普通脉冲引信，在发送下一个脉冲之后，从远距离反射回来的目标回波信号才到达接收机，它们与由近距离目标反射的第二个脉冲回波信号交错，这将产生观察误差。而对于频率捷变脉冲引信，发射第一个脉冲之后，发射机和接收机的频率已经变得完全不同，这些二次回波信号自然不能被接收机接收。

（6）抑制海浪杂波及其他分布杂波的干扰

当脉冲宽度的倒数小于相邻脉冲载波频率的频率差时，可以将云雨、箔条、海浪等这类分布目标的杂波去相关。将这些回波进行视频积累之后，目标的等效反射面积接近其平均值，并且可以减小杂波的方差，从而提高信噪比。

（7）减小多路径传输的误差

多路径传输主要是指海面、地面反射引起的波束分裂对探测目标的影响。只要频率捷变无线电引信跃频范围达到10%，就可使分裂的波瓣相互补偿，从而降低了波束分裂对测距的影响。

6.1.2 捷变频无线电探测分类

频率捷变是一种抗干扰能力强的技术，在雷达、通信等领域被广泛应用。根据发射信号分类，大致可以分为脉冲体制和连续波体制两类，与之相对应的频率捷变探测体制也分为这两大类。

1. 频率捷变脉冲探测

频率捷变脉冲雷达主要分为非相干与全相干两种，形成频率捷变的方式可分为脉内捷变、脉间捷变、脉组捷变等几种形式，如图 6-1～图 6-3 所示。现在已出现了脉间捷变与多普勒技术、脉冲压缩技术相结合的脉间捷变高性能无线电雷达。

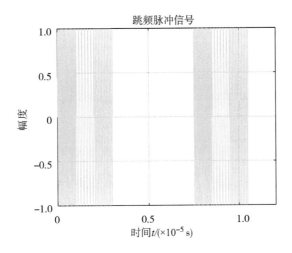

图 6-1　脉内频率捷变

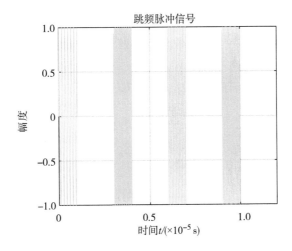

图 6-2　脉间频率捷变

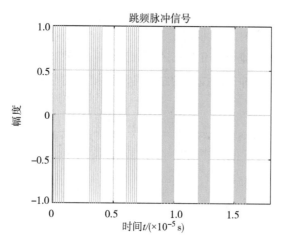

图 6-3 脉组频率捷变

在早期，频率捷变雷达一般采用非相干体制。非相干体制中，通常采用旋转调谐磁控管振荡器及超外差式接收机，全相干频率捷变主要是由主振放大链构成的频率捷变。相对捷变带宽是频率捷变雷达的重要参数。一般地，发射频率越高，相对捷变带宽越难增大。

非相干频率捷变雷达的基本组成如图 6-4 所示。在非相干频率捷变雷达中，最关键的部分是压控本振的自动频率控制系统，所发射的脉冲是脉间捷变。频率捷变磁控管和压控本振之间没有严格的相位关系，即发射的信号和本机振荡之间没有固定的相位关系，从而就不能进行相参信号的处理。调谐马达驱动频率捷变磁控管，当触发脉冲重复频率和调谐马达的转速不一致时，就可以得到准随机的频率捷变信号。其压控本振需满足极高的调谐速率，只有这样，本振信号才能在短时间内跟上发射信号载频

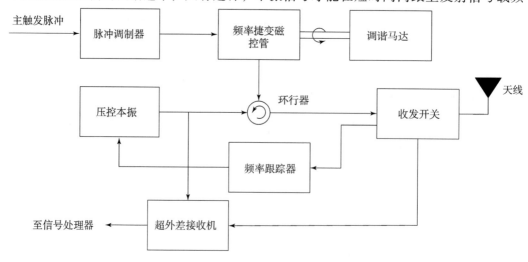

图 6-4 非相干频率捷变探测原理框图

的变化，但是在接收回波信号过程中，本振信号的频率必须保持稳定。非相干频率捷变无线电雷达结构简单，成本低，但是不易控制发射频率，具有较低的跃频灵活性，所以与其他脉冲体制（如脉冲压缩等）结合起来比较困难，且体积较大，不适合用于体积、重量严格受限的引信中，一般应用于大型雷达中。

全相干频率捷变雷达的基本组成如图 6 - 5 所示，其中 f_s 为发射频率，f_i 为中频信号，$f_i + f_s$ 为本振信号。全相干频率捷变雷达的核心是捷变频率合成器，它能产生快速捷变的发射信号和本振信号，发射信号和本振信号由同一个高稳定信号源产生，两者具有严格的相位关系，所以，回波信号与本振信号混频后，仍然可以保留其相位信息。频率合成之前通常将晶振产生的高稳定低电平的高频信号，经过倍频器放大到足够高的功率电平后再发射出去。因为全相干频率捷变无线电雷达的发射波形是在低电平下形成的，所以可以进行各种复杂的波形（例如线性调频脉冲、相位编码脉冲等）设计。但固定频率的全相参引信抗干扰能力差，虽然可以更换晶体或者采用更为复杂的倍频体系得到很多的工作频率，但是实际抗干扰性能并没有得到改善，所以，在现在的实际应用中，频率捷变合成器主要采用数字合成技术，实现真正的脉间阶跃，从而获得强抗干扰能力。全相干频率捷变无线电引信易于实现可控捷变，可以和脉冲压缩、脉冲多普勒等体制相结合，相比非相干频率捷变无线电引信具有更大的捷变灵活性，但是成本高，技术设备较复杂。对比非相干频率捷变无线电雷达和全相干频率捷变无线电雷达的特点，现今大多使用的是全相干频率捷变无线电雷达。

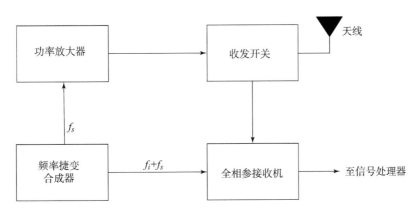

图 6 - 5　全相干频率捷变探测原理框图

采用捷变频技术的引信是把快速频率捷变的射频技术和性能优良的定距技术相结合，完成对目标的探测与定距引爆等功能。由于定距方法多样，定距原理各有其自身的特点。频率捷变技术并不能和每种定距方法完全兼容，如回波的相关性会因为脉冲频率捷变而被破坏，产生依靠于该相关性的多普勒滤波性能严重下降的后果。因此，针对频率捷变技术在选择定距方法时，有必要进行合理的方案设计，并采取相应的方法解决两种技术结合后所产生的后续问题，使设计的频率捷变定距引信不仅具有精确的定距性能，还具有较好的抗干扰性能。

2. 频率捷变连续波探测

相对于脉冲体制频率捷变探测，另一种是采用连续波的频率捷变探测，发射信号是连续波，其信号频率按一定调制规律进行快速跳变。现有的频率捷变连续波引信有频率捷变多普勒连续波引信和频率捷变调频连续波引信。

频率捷变多普勒连续波引信的工作原理是假设频率捷变引信存在 N 个频率捷变工作点，通过引信信号处理与控制单元，从频率集合中按照任意随机的规律随机选取任意时刻的射频工作频率。在引信的每个工作频率下，发射多个中频信号，然后通过对多个中频信号的相位比较，实现距离的精确测量。

频率捷变线性调频连续波引信的工作原理为，每个调频周期的中心频率从频率集合中随机选取，线性调制频偏和调频周期相同。发射信号与回波信号混频，得到差频信号，由于发射信号与回波信号对应调频周期的中心频率一致，所以各调频周期得到的差频信号规则部分一致，由此实现距离的精确测量。

6.2　捷变频无线电引信信号分析

6.2.1　频率捷变多普勒信号分析

在普通多普勒雷达中，发射信号可表示为：

$$S_t(t) = A_t\cos(2\pi f_c t) \tag{6-1}$$

式中，f_c 为载频频率；A_t 为发射信号幅度。经过目标反射，雷达接收到的信号可表示为：

$$S_r(t - \tau) = A_r\cos(2\pi f_c(t - \tau)) \tag{6-2}$$

式中，A_r 表示接收信号的幅度；τ 为信号往返于目标与雷达之间的延时：

$$\tau = 2\frac{R + vt}{c} \tag{6-3}$$

在雷达接收机中，接收信号与发射信号混频，可得到多普勒信号：

$$x(t) = A\cos\left(2\pi f_d t + \frac{2f_c R}{c}\right) \tag{6-4}$$

式中，$f_d = 2f_c v/c$。

在频率捷变多普勒雷达中，若采用载频分别为 f_{c1}、f_{c2} 的两段发射信号，则得到的两段多普勒信号分别可表示为：

$$x_1(t) = A\cos\left(2\pi f_{d1} t + \frac{2f_{c1} R}{c}\right) \tag{6-5}$$

$$x_2(t) = A\cos\left(2\pi f_{d2}t + \frac{2f_{c2}R}{c}\right) \tag{6-6}$$

由于频差 $\Delta f = f_{c1} - f_{c2}$ 很小，多普勒频率可近似认为相等，即 $f_{d1} \approx f_{d2}$。而对于相位，很小的频差就会引起相位比较明显的变化。由上式可见，两段多普勒信号的相位分别为：

$$\varphi_1 = 4\pi\frac{f_1 R}{c} \tag{6-7}$$

$$\varphi_2 = 4\pi\frac{f_2 R}{c} \tag{6-8}$$

因此，两段多普勒信号的相位差可表示为：

$$\Delta\varphi = \varphi_1 - \varphi_2 = \frac{4\pi(f_1 - f_2)R}{C} = \frac{4\pi\Delta f R}{C} \tag{6-9}$$

6.2.2　频率捷变调频连续波信号分析

频率捷变调频信号就是在较宽的频带范围内信号载波频率进行离散的周期性跳变，而在每个载频保持的短时间内进行线性调频。即可以把频率捷变调频信号看成是线性调频信号与频率跳变信号的组合。

假设频率跳变集为 $\{f_0, f_1, f_2\}$ 3 个频率跳变点，频率捷变调频波在一个频点循环周期内的时 – 频波形图如图 6 – 6 所示。在实际应用中，跳频的方式可以是编码控制，也可以是随机跳频。

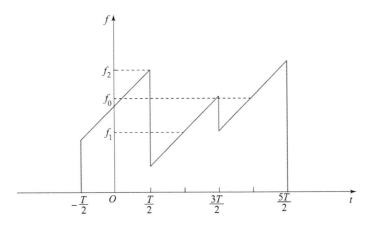

图 6 – 6　频率捷变调频波时 – 频曲线图

随机跳频使频点跳变具有随机性，会使敌方很难做到侦听后进行相关预测跟踪，所以其抗干扰性很好。但是该信号产生的方式比较复杂，很难控制跳频频点，可能存在不规则区域差频信号的频谱线混入有用差频信号的频谱中，从而影响定距的能力。

伪码控制的跳频相比随机跳频随机性更差一些，但是通过对伪码的设计可以改善相关系统性能。所以这里讨论的载波频率的跳频采用伪码控制。

为了后续叙述方便，假定：T 为线性调频周期；Ω 为调制信号频率；T_M 为跳频频点循环周期；Ω_M 为跳频频点循环频率；$S_i(t),i=0,1,2$ 为对应于频点 ω_i 的周期线性调频信号；$u(t)$ 为单位阶跃函数。

由图 6-6 可得频率捷变调频波发射信号为：

$$S_{FH}(t) = \sum_{i=-\infty}^{\infty} \left[u\left(t + \frac{T}{2} - iT_M\right) - u\left(t - \frac{T}{2} - iT_M\right) \right] \cdot S_0(t) +$$

$$\sum_{i=-\infty}^{\infty} \left[u\left(t - \frac{T}{2} - iT_M\right) - u\left(t - \frac{3T}{2} - iT_M\right) \right] \cdot S_1(t) +$$

$$\sum_{i=-\infty}^{\infty} \left[u\left(t - \frac{3T}{2} - iT_M\right) - u\left(t - \frac{5T}{2} - iT_M\right) \right] \cdot S_2(t) \qquad (6-10)$$

由式（6-30）可以直接得出频率捷变调频波是由处于时间轴上不同位置的周期矩形信号与对应于各个跳频频点上的周期线性调频信号相乘后线性叠加而成的。设对应跳频点 i 的周期矩形信号为：

$$U_0(t) = \sum_{i=-\infty}^{\infty} \left[u\left(t + \frac{T}{2} - iT_M\right) - u\left(t - \frac{1T}{2} - iT_M\right) \right] \qquad (6-11)$$

$$U_1(t) = \sum_{i=-\infty}^{\infty} \left[u\left(t - \frac{T}{2} - iT_M\right) - u\left(t - \frac{3T}{2} - iT_M\right) \right] \qquad (6-12)$$

$$U_2(t) = \sum_{i=-\infty}^{\infty} \left[u\left(t - \frac{3T}{2} - iT_M\right) - u\left(t - \frac{5T}{2} - iT_M\right) \right] \qquad (6-13)$$

频率捷变调频波发射信号 $S_{FH}(t)$ 作傅里叶变换可得：

$$S_{FH}(\omega) = \frac{1}{2\pi} \left[U_0(\omega) * S_0(\omega) + U_1(\omega) * S_1(\omega) + U_2(\omega) * S_2(\omega) \right] \quad (6-14)$$

在该式中，$U_0(\omega)$、$U_1(\omega)$、$U_2(\omega)$ 是通过 $U_0(t)$、$U_1(t)$、$U_2(t)$ 作傅里叶变换所得：

$$U_0(\omega) = 2\pi \sum_{n=-\infty}^{\infty} \frac{T}{T_M} Sa\left(\frac{n\Omega_M T}{2}\right) \delta(\omega - n\Omega_M) \qquad (6-15)$$

$$U_1(\omega) = 2\pi \sum_{n=-\infty}^{\infty} \frac{T}{T_M} Sa\left(\frac{n\Omega_M T}{2}\right) e^{-jn\Omega_M T} \delta(\omega - n\Omega_M) \qquad (6-16)$$

$$U_2(\omega) = 2\pi \sum_{n=-\infty}^{\infty} \frac{T}{T_M} Sa\left(\frac{n\Omega_M T}{2}\right) e^{-j2n\Omega_M T} \delta(\omega - n\Omega_M) \qquad (6-17)$$

调制信号为锯齿波，其复数时变函数可以表示为：

$$S(t) = A \sum_{n=-\infty}^{\infty} C_n e^{j(\omega_c t + n\Omega t)} \qquad (6-18)$$

经过傅里叶变换可得：

$$S_i(\omega) = 2\pi A \sum_{n=-\infty}^{\infty} C_{in} \delta(\omega - \omega_i - n\Omega) \qquad (6-19)$$

经过上述推导整理可得：

$$S_{FH}(\omega) = \frac{2\pi AT}{T_M}\Big\{ \sum_{n=-\infty}^{\infty}\sum_{m=-\infty}^{\infty} C_{0n} Sa\Big(\frac{m\Omega_M T}{2}\Big)\delta(\omega - \omega_0 - n\Omega - m\Omega_M) +$$

$$\sum_{n=-\infty}^{\infty}\sum_{m=-\infty}^{\infty} C_{1n} Sa\Big(\frac{m\Omega_M T}{2}\Big)e^{-jm\Omega_M T}\delta(\omega - \omega_1 - n\Omega - m\Omega_M) +$$

$$\sum_{n=-\infty}^{\infty}\sum_{m=-\infty}^{\infty} C_{2n} Sa\Big(\frac{m\Omega_M T}{2}\Big)e^{-j2m\Omega_M T}\delta(\omega - \omega_2 - n\Omega - m\Omega_M) \qquad (6-20)$$

式中，$\Omega_M = \dfrac{2\pi}{T_M}$。当频率点跳变和线性调频同步时，$\Omega$ 和 Ω_M 具有倍数关系。

图 6-7 所示为频率捷变调频波的时域图和频谱图，仿真参数为线性频偏为 20 MHz，跳频间隔为 30 MHz，三个中心频点分别为 970 MHz、1 GHz、1.3 GHz。

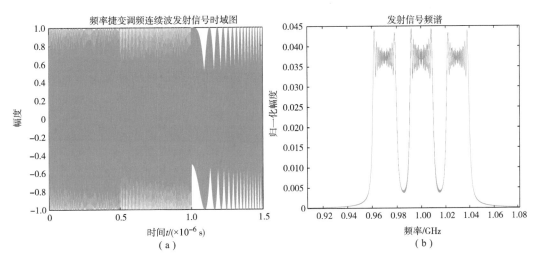

图 6-7　频率捷变调频连续波信号时域与频域图

(a) 时域图；(b) 频域图

6.2.3　线性调频编码跳频脉冲信号

线性调频步进脉冲信号是一串脉间载频顺序步进、脉内频率线性调制窄带脉冲串信号，其虽然具有许多优良特性，但是由于其模糊函数图像如图 6-8 所示，为刀刃形，因此存在距离速度耦合和模糊旁瓣较大等缺点。这些缺点是因为脉间频率步进雷达信号采用线性步进的频率编码方式，这是其固有的模糊特性，所以难以解决。

如果采用一些性能优良的频率编码方式，就能很好地解决这些问题。将编码与线性调频信号相结合，构成线性调频编码跳频信号，既可以消除调频步进信号的距离-

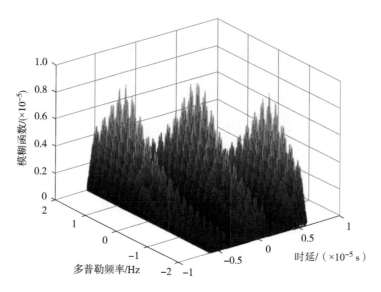

图 6 - 8　线性调频步进脉冲信号模糊函数

速度耦合，又降低了信号的周期性旁瓣。线性调频编码跳频信号的模糊函数如图 6 - 9 所示。

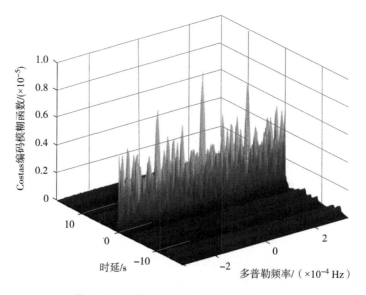

图 6 - 9　线性调频编码跳频信号模糊函数

线性调频子脉冲可表示为：

$$u_1(t) = \frac{1}{\sqrt{T}}\mathrm{rect}\left(\frac{t - T/2}{T}\right) \cdot \mathrm{e}^{\mathrm{j}\pi K t^2} \qquad (6-21)$$

线性调频编码跳频脉冲串波形的数学表达式一般可写成：

$$S(t) = \frac{1}{\sqrt{N}} \sum_{n=1}^{N} u_1 (t - (n-1) T_r) e^{j2\pi f_n t} \tag{6-22}$$

在该式中，N 为 Costas 频率步进的脉冲个数；T_r 为脉冲重复周期；f_n 是相参脉冲串波形的第 n 个发射脉冲的发射频率，其表达式如下所示：

$$f_n = f_0 + (c_n - 1) \Delta F, n = 1, 2, \cdots, N \tag{6-23}$$

式中，f_0 为发射的标准频率；ΔF 为频率变化量，也是线性调频子脉冲的调频带宽；c_n 为编码序列。

发射信号的时 – 频曲线如图 6 – 10 所示。在该图中，B_{sub} 为脉冲带宽，T_{sub} 为脉宽，调频斜率为 $\gamma = B_{sub} / T_{sub}$。

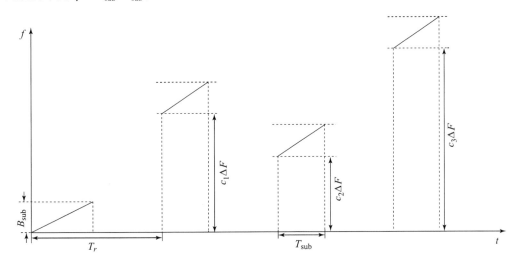

图 6 – 10　发射信号的时 – 频曲线

这种线性调频 – 编码跳频脉冲串的复包络为：

$$s(t) = \frac{1}{\sqrt{N}} \sum_{n=0}^{N-1} u_1 (t - nT_r) e^{j2\pi (c_n - 1) \Delta F t} \tag{6-24}$$

式中，$(c_n - 1) \Delta F$ 表示第 n 个发射脉冲的载频增量。

图 6 – 11 所示为该线性调频编码跳频信号的时域与频域仿真图。仿真参数为四个脉冲串，调频起始频率分别为 8.006、8.018、8.012、8.024 GHz，脉冲宽度为 1 μs，脉冲周期为 3 μs，调制频偏为 50 MHz。

设扩展目标后向电磁散射强度在径向上投影为 M 个散射中心，散射强度分别为 A_m，目标与引信之间的初始距离分别为 R_{0m}，弹体以向目标方向的速度 v 做匀速运动，则第 n 个子脉冲回波为：

$$s_{rn}(t) = \sum_{m=1}^{M} \frac{A_m}{\sqrt{N}} u_1 (t - nT_r - t_m) e^{j2\pi F_n (t - t_m)} \tag{6-25}$$

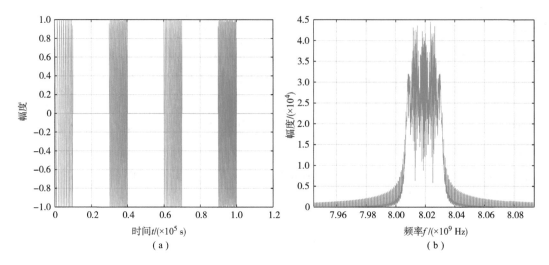

图 6 – 11　线性调频编码跳频信号的时域与频域仿真图

（a）时域图；（b）频域图

$$F_n = f_0 + B_0 \Delta F$$

式中，$t_m = \dfrac{2(R_{0m} - vt)}{c} = t_{0m} - \dfrac{2vt}{c}$，为目标散射点的延时。

6.3　捷变频无线电引信定距方法

多普勒定距、调频定距、相位定距和脉冲定距是常用于无线电引信定距的几种定距方法。当无线电引信引入频率捷变技术时，不同的定距方法的特点各不相同，相应地，所有的定距方法与频率捷变技术并不都完全兼容。引信的发射信号并不包含任何目标信息，只有当发射信号被目标反射后，所得的回波信号才包含目标信息。这里主要讨论频率捷变多普勒相位定距和频率捷变调频测距两种定距方法。

6.3.1　频率捷变多普勒相位定距

因为单发引信重量体积等因素的限制，这里选取的频率捷变点是三个，频率捷变多普勒相位定距引信原理框图如图 6 – 12 所示。

其工作原理是，时序发生器通过调制信号发生器控制振荡器，从而产生频率捷变信号。频率捷变信号再通过天线辐射出去，遇到目标后，产生的回波信号通过天线进入引信。进入引信后，与振荡器进行混频，再通过时序发生器控制的分路器将混频后的信号分成三路，各和某一个频率点相对应，幅度由多普勒信号调制的脉冲信号决定。三路信号各经过滤波放大后，两两组合，选其中两组分别鉴相，鉴相输出经过由装定码控制的门限控制器判决后，再输入到逻辑判决。如果满足预先设定的条件，就输出启动信号。

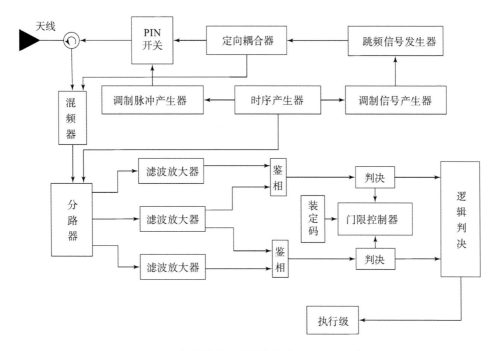

图 6 - 12　频率捷变多普勒相位定距引信原理框图

距离信息包含在不同载频的多普勒信号之间的相位差之中。两个载频频差为 Δf 的多普勒信号之间的相位差为：

$$\Delta\varphi = \frac{4\pi\Delta f R}{c} \tag{6-26}$$

式中，R 表示引信与目标之间的距离；c 表示光速。由上式推导可得：

$$R = \frac{c\Delta\varphi}{4\pi\Delta f} \tag{6-27}$$

所以可以通过测得 $\Delta\varphi$ 的值来获得距离信息。可是 $\Delta\varphi$ 实际上是以 2π 为周期的，因此这种方法的运用存在距离模糊现象。当 $\Delta\varphi$ 取 2π 时，获得的是最大不模糊距离：

$$R_0 = \frac{c}{2\Delta f} \tag{6-28}$$

理想状态下，Δf 的值足够小，这样 R_0 的值就可以很大，从而满足测距需要。但在实际工程应用中，由于振荡器频率稳定度等因素的限制，实际的 Δf 值并不能取得很小，造成在测距范围内可能存在测距模糊问题。

为解决这一问题，根据剩余定理，假设所测距离是 R'，可以选择两组多普勒信号，它们的最大不模糊距离分别为 R_{01}、R_{02}，两者满足互质的要求，且 $R' < R_{01}R_{02}$。由此可以通过测得这两组多普勒信号的相位差来共同定距。相位差与距离之间的关系如图 6 - 13 所示。

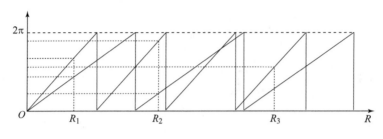

图 6 – 13　相位差与距离之间的关系图

6.3.2　频率捷变调频测距

频率捷变技术具有很好的测距性能和抗干扰能力，因此可以将其应用到无线电引信中。其原理框图如图 6 – 14 所示。

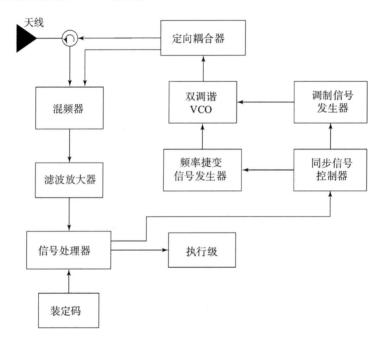

图 6 – 14　频率捷变调频定距系统原理框图

在频率捷变调频定距系统中，VCO 的瞬时中心频率由信号调制器通过伪随机码生成的频率捷变序列来决定，从而实现频率的跳变。然后在 VCO 两端加上锯齿波进行线性调频，这样就能生成载频变化的调频信号。有一些信号经过定向耦合器在混频器与回波混频，从而获得差频信号，再经过信号处理获取距离信息，判决是否点火。

调频定距是通过发射信号和回波混频得到差频，再从差频中提取出距离信息的。那么频率捷变调频测距的工作原理有什么不同呢？

假设调制信号是理想的锯齿波，不存在多普勒频偏和寄生调幅的影响，回波信号为在时间上发射信号延迟 τ，忽略传播介质对回波信号相位造成的偏差。

假定扫频速率是 2 kHz/s，则发射信号的瞬时频率为：

$$f_t(t) = f_n + 2K(t - nT), \frac{2n-1}{2}T < t \leqslant \frac{2n+1}{2}T \qquad (6-29)$$

式中，T 表示锯齿波调制信号的周期，f_n 表示各调制周期 $\frac{2n-1}{2}T < t \leqslant \frac{2n+1}{2}T$ 的瞬时中心频率，即跳频点。令 $t_n = t - nT$，则发射信号的瞬时频率为 $f_t(t) = f_n + 2Kt_n$。可以得到其瞬时相位为 $\varphi_t(t) = 2\pi\int_0^t f_t(t)\mathrm{d}t + \phi$，在该式中，$\phi$ 为发射信号的初始相位，假设在 $t = 0$ 时刻为初始相位，其值为 $\phi = 0$，$\Delta\varphi_n$ 为 $\frac{2n+1}{2}T$ 时刻的瞬时相位。

由上述条件可以推导：

当 $n = 0$ 时，

$$\begin{aligned}\varphi_t(t) &= 2\pi\int_0^t (f_0 + 2Kt_0)\mathrm{d}t \\ &= 2\pi(f_0 t + Kt^2)\end{aligned}, 0 < t \leqslant \frac{1}{2}T$$

所以，当 $t = \frac{1}{2}T$ 时，

$$\Delta\varphi_0 = \pi f_0 T + \frac{\pi KT^2}{2}$$

当 $n = 1$ 时，

$$\begin{aligned}\varphi_t(t) &= 2\pi\int_{\frac{T}{2}}^t (f_1 + 2Kt_1)\mathrm{d}t + \Delta\varphi_0 \\ &= 2\pi f_1 t_1 + 2\pi Kt_1^2 + \pi T(f_0 + f_1)\end{aligned}, \frac{1}{2}T < t \leqslant \frac{3}{2}T$$

所以，当 $t = \frac{3}{2}T$ 时，

$$\Delta\varphi_1 = \pi T(f_0 + 2f_1) + \frac{\pi KT^2}{2}$$

当 $n = 2$ 时，

$$\begin{aligned}\varphi_t(t) &= 2\pi\int_{\frac{3T}{2}}^t (f_2 + 2Kt_2)\mathrm{d}t + \Delta\varphi_1 \\ &= 2\pi f_2 t_2 + 2\pi Kt_2^2 + \pi T(f_0 + 2f_1 + f_2)\end{aligned}, \frac{3}{2}T < t \leqslant \frac{5}{2}T$$

所以，当 $t = \frac{5}{2}T$，

$$\Delta\varphi_2 = \pi T(f_0 + 2f_1 + 2f_2) + \frac{\pi KT^2}{2}$$

当 $n = 3$ 时，

$$\varphi_t(t) = 2\pi \int_{\frac{5T}{2}}^{t} (f_3 + 2Kt_3)\,\mathrm{d}t + \Delta\varphi_2$$

$$= 2\pi f_3 t_3 + 2\pi K t_3^2 + \pi T(f_0 + 2f_1 + 2f_2 + f_3)$$

$\quad,\dfrac{5}{2}T < t \leqslant \dfrac{7}{2}T$

所以，当 $t = \dfrac{7}{2}T$ 时，

$$\Delta\varphi_3 = \pi T(f_0 + 2f_1 + 2f_2 + 2f_3) + \frac{\pi K T^2}{2}$$

由上述所有推导，不难发现如下规律：

$$\varphi_t(t) = 2\pi \int_{\frac{2n-1}{2}T}^{t} (f_n + 2Kt_n)\,\mathrm{d}t + \Delta\varphi_{n-1}$$

$$= 2\pi f_n t_n + 2\pi K t_n^2 + \pi T(f_0 + 2f_1 + \cdots + 2f_{n-1} + f_n)$$

$\quad,n > 0 \qquad (6-30)$

$$\Delta\varphi_n = \pi T(f_0 + 2f_1 + \cdots + 2f_{n-1} + 2f_n) + \frac{\pi K T^2}{2} \qquad (6-31)$$

用 $\varphi_r(t)$ 表示回波信号的瞬时相位，因为回波在时间上延迟了 τ，所以 $\varphi_r(t)$ 的表达式为：

$$\varphi_r(t) = \varphi_t(t - \tau)$$

$$= 2\pi f_n(t_n - \tau) + 2\pi K(t_n - \tau)2 + \pi T(f_0 + 2f_1 + \cdots + 2f_{n-1} + f_n) \qquad (6-32)$$

则发射信号与回波信号的相位差为：

$$\varphi_l(t) = \varphi_t(t) - \varphi_r(t) \qquad (6-33)$$

由图 6-15 和图 6-16 的曲线图可以直观得到中心频率在随机跳变，存在同时刻点的发射信号与回波信号的中心频率不同的情况，所以需要在一个扫描周期内分段讨论相位差 $\varphi_l(t)$。

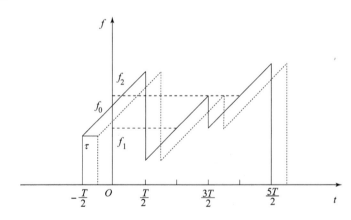

图 6-15　发射回波信号时-频波形

当 $\dfrac{2n-1}{2}T + \tau < t \leqslant \dfrac{2n+1}{2}T$ 时，

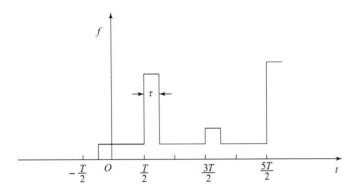

图 6 - 16　差频信号波形图

$$\begin{aligned}
\varphi_l(t) &= \varphi_t(t) - \varphi_r(t) \\
&= 2\pi f_n t_n + 2\pi K t_n^2 + \pi T(f_0 + 2f_1 + \cdots + 2f_{n-1} + f_n) - \\
&\quad \left[2\pi f_n(t_n - \tau) + 2\pi K(t_n - \tau)^2 + \pi T(f_0 + 2f_1 + \cdots + 2f_{n-1} + f_n) \right] \\
&= 2\pi f_n \tau - 2\pi K \tau^2 + 4\pi K t_n \tau
\end{aligned} \tag{6-34}$$

当 $\dfrac{2n+1}{2}T < t \leqslant \dfrac{2n+1}{2}T + \tau$ 时，

$$\begin{aligned}
\varphi_l(t) &= \varphi_t(t) - \varphi_r(t) \\
&= 2\pi f_{n+1} t_{n+1} + 2\pi K t_{n+1}^2 + \pi T(f_0 + 2f_1 + \cdots + 2f_n + f_{n+1}) - \\
&\quad \left[2\pi f_n(t_n - \tau) + 2\pi K(t_n - \tau)^2 + \pi T(f_0 + 2f_1 + \cdots + 2f_{n-1} + f_n) \right] \\
&= 2\pi t_{n+1} \left[(f_{n+1} - f_n) - 2K(T - \tau) \right] + \pi T(f_{n+1} - f_n) + 2\pi f_n \tau - 2\pi K(T - \tau)^2
\end{aligned} \tag{6-35}$$

令 $\Delta f_n = f_{n+1} - f_n$，则相位差 $\varphi_l(t)$ 的表达式为：

$$\varphi_l(t) = $$

$$\begin{cases}
2\pi f_n \tau - 2\pi K \tau^2 + 4\pi K t_n \tau, & \dfrac{2n-1}{2}T + \tau < t \leqslant \dfrac{2n+1}{2}T \\
2\pi t_{n+1} \left[\Delta f_n - 2K(T - \tau) \right] + \pi T \Delta f_n + 2\pi f_n \tau - 2\pi K(T - \tau)^2, & \dfrac{2n+1}{2}T < t \leqslant \dfrac{2n+1}{2}T + \tau
\end{cases}$$

$$\tag{6-36}$$

因为发射信号相位和回波信号相位在时间轴都为连续函数，所以它们所得的相位差 $\varphi_l(t)$ 在时间轴上也为差值函数。对相位差进行微分，可以得到瞬时差频为：

$$\frac{\mathrm{d}\varphi_l(t)}{\mathrm{d}t} = \begin{cases}
4K\pi\tau, & \dfrac{2n-1}{2}T + \tau < t \leqslant \dfrac{2n+1}{2}T \\
2\pi \left[\Delta f_n - 2K(T - \tau) \right], & \dfrac{2n+1}{2}T < t \leqslant \dfrac{2n+1}{2}T + \tau
\end{cases} \tag{6-37}$$

差频信号时域图如图 6 - 17 所示，因为 $\tau \ll T$，所以在大部分时间范围内延迟时间

τ 都正比于瞬时差频，而距离 R 和延迟时间 τ 之间的关系为 $R = \dfrac{\tau c}{2}$，进一步就能通过延迟时间 τ 获得相应的距离信息。

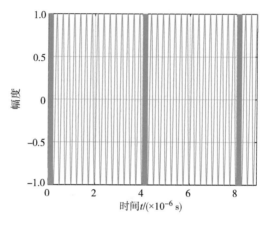

图 6 – 17 差频信号时域图

6.4 捷变频无线电引信抗干扰分析

6.4.1 干扰的基本类型

在军事应用中，无线电引信面临非常多变的电磁环境，干扰的类型也多种多样。一般情况下，战争中的干扰都是来自地方的人为干扰，这种干扰可以分为无源干扰和有源干扰。一些故意投放的无源反射体就属于无源干扰，这些反射体能够与真实目标一样反射无线波。角反射体及半波长箔条属于这些反射体中最实用及有效的。角反射体的特性是全向反射，也就是说，电磁波被反射的方向和入射波是一样的，因此它的等效反射面积特别大。而大多数箔条的制作材料都是全金属化的玻璃纤维，它的直径仅几十微米，该长度刚好是引信工作波长的 1/2，它可以和引信的工作频率发生谐振，从而进行干扰。此外，常用的无源干扰还有诱饵火箭、假弹头等。

有源干扰是现代军事战争中最具有效果的干扰方法，大体分为欺骗式干扰、压制式干扰。欺骗式干扰就是指产生一个虚假目标，将信号伪装成敌人所预期的目标信号，从而实现干扰，如今使用最多的是回答式干扰。压制式干扰大体分为窄带瞄准式干扰、宽带阻塞式干扰、扫频式干扰，这三种干扰是最常用也将是本章要重点论述的三种干扰模式。

窄带瞄准式干扰的工作原理是：用电子侦察系统测量得到引信的工作频率，接着把干扰机的频率调谐到该测量到的工作频率上，这种形式的干扰可以最大限度地把干扰功率集中在引信工作的频率上，因此，这种干扰在这个固定频率上的干扰效果十分明显；宽带阻塞式干扰不需要知道引信的工作频率，直接利用大功率的干扰机产生功率极强的宽带干扰信号，从而直接将有用信号淹没；扫频干扰同时具备窄带瞄准式干扰及宽带阻塞式干扰的特点，通过对干扰频带进行动态扫描，从而提高干扰的功率利用率。扫频干扰的中心频率是连续的，扫频范围较宽，并且干扰功率密度保持较高的状态，可以对引信造成周期性且有间断的强干扰，从而使引信升高检测门限，达到保护目标的目的。图 6 - 18 为常用干扰的基本类型。

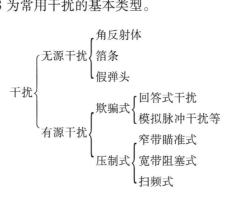

图 6 - 18　常用干扰的基本类型

6.4.2　捷变频无线电引信抗干扰分析函数

如何衡量无线电抗干扰能力，在有些文献中，提出系统反电子对抗措施（ECCM）评估的概念，即引入引信对抗作战的反电子对抗改善因子：

$$\mathrm{EIF} = \frac{(S/J)_k}{(S/J)_o} \tag{6-38}$$

式中，$(S/J)_o$ 和 $(S/J)_k$ 分别代表引信在未采用抗干扰措施及采用了抗干扰措施条件下的输出信干比，它们的具体式中分别为：

$$(S/J)_o = \frac{P_t G_t^2 \sigma \lambda^2}{(4\pi)^3 R_t^4 L} \bigg/ \left[P_n + \frac{P_J G_J(\phi) G_t(\phi) \lambda_J^2 B_R}{(4\pi)^2 R_J^2 L_r B_{JS}} \right] \tag{6-39}$$

$$(S/J)_k = \frac{P_t G_t^2 \sigma \lambda^2}{(4\pi)^3 R_t^4 L} \bigg/ \left[P_n + \frac{P_J G_J(\phi) G_t(\phi) \lambda_J^2 B_R}{D(4\pi)^2 R_J^2 L_r B_{JS}} \right] \tag{6-40}$$

式中，P_t 为引信的发射功率；G_t 为引信的天线增益；σ 为引信横截面积；λ 为引信的工作波长；R_t 为目标距引信的距离；P_J 为干扰机的发射功率；R_J 为干扰机距引信的距离；L 为引信系统损耗；L_r 为引信接收支路损耗；B_{JS} 为干扰信号带宽；B_R 为引信接收机带宽；P_n 为接收机等效输入噪声；$G_J(\phi)$ 为干扰机天线在引信方向上的增益；$G_t(\phi)$ 为引信天线在干扰机方向上的增益；此时 D 为各种抗干扰技术措施的改善因子。

在捷变频引信信号对抗中，捷变频的带宽是非常大的，但是同时干扰机的带宽也非常大，所以只有落在干扰机带宽外的捷变频信号才是有效的未被干扰信号。在多数文献中，定义干扰频率捷变信号的有效频带函数为：

$$f(f_J, f_R, B_R, B_{FA}, B_{JA}) = \frac{B_R}{B_{JA}} \cdot \frac{B_{JA} \cap B_{FA}}{B_{FA}} \qquad (6-41)$$

式中，f_J 为干扰中心频率；f_R 为引信中心频率；B_{JA} 为干扰机带宽；B_{FA} 为引信捷变频带宽；$B_{JA} \cap B_{FA}$ 为引信捷变频带宽与干扰机干扰带宽重叠的频宽。

在实际应用中，带宽阻塞干扰的带宽正好与干扰信号的带宽相等，但是对于窄带瞄准式及扫频式等动态干扰来讲，干扰机的带宽与干扰信号的带宽并不相等。所以，为了能够统一分析这三种压制式干扰的性能，把上式改写为：

$$f(f_J, f_R, B_R, B_{FA}, B_{JA}) = f_p \frac{B_R}{B_{JA}} \qquad (6-42)$$

式中，f_p 代表引信被干扰的概率。显然，上面联众有效频带函数对于宽带阻塞式干扰来讲是相等的。

同时，当忽略接收机等效输入噪声的时候，可以把 $(S/J)_o$ 和 $(S/J)_k$ 改写成如下形式：

$$(S/J)_o = \frac{P_t G_t^2 \sigma \lambda^2}{(4\pi)^3 R_t^4 L} \bigg/ \left[\frac{P_J G_J(\phi) G_t(\phi) \lambda_J^2 B_R}{(4\pi)^2 R_J^2 L_r B_{JS}} \right] \qquad (6-43)$$

$$(S/J)_k = \frac{P_t G_t^2 \sigma \lambda^2}{(4\pi)^3 R_t^4 L} \bigg/ \left[\frac{P_J G_J(\phi) G_t(\phi) \lambda_J^2 B_R}{D(4\pi)^2 R_J^2 L_r B_{JS}} \right] \qquad (6-44)$$

综上所述，当分析采取抗干扰措施的前后被干扰的概率，就可以改善引信捷变频抗扰能力，由此，可以衡量该系统的抗干扰能力。

6.4.3 捷变频无线电引信抗干扰性能分析

1. 对抗宽带阻塞式干扰的性能分析

宽带阻塞式干扰的信号带宽等于干扰机的带宽，在这里，假设当不采取抗干扰措施时，被干扰的概率为1，也就是完全被干扰，如果采取捷变频抗干扰措施，被干扰的概率是：

$$f_p = \frac{B_{JA} \cap B_{FA}}{B_{FA}} \qquad (6-45)$$

忽略掉引信变频后目标回波信号等因素的影响，可以得出捷变频抗宽带阻塞式干扰的改善因子为：

$$D = \frac{B_{FA}}{B_{JA} \cap B_{FA}} \qquad (6-46)$$

宽带阻塞式干扰工作原理就是产生一个非常大的功率宽带信号，从而使有用信号无法被接收到。所以，这种干扰方式对带宽的系统是非常有效的干扰，但是多发捷变频引信的频率捷变带宽超过 500 MHz，对于其中每个频点来讲，引信系统是窄带的，如果想要实现在这么宽的频带里进行干扰，干扰的功率谱密度会被大大降低，也就是说，进入每一发引信的有效干扰会由此变得很小，所以，相对于抗宽带阻塞式干扰来说，频率捷变引信的能力是比较强的。

2. 对抗窄带瞄准式干扰的性能分析

窄带瞄准式的过程是一个动态扫描的过程，在有些文献中，提出了使用相对捷变因子来反映捷变频引信抗动态干扰的过程。相对捷变因子定义是：

$$S_{RFA} = \frac{B_{FA}/T_{FA}}{B_{JA}/T_{JA}} \qquad (6-47)$$

式中，T_{FA} 为捷变频引信的捷变周期；T_{JA} 为干扰机的调频周期。

虽然相对捷变因子可以比较好地反映捷变频引信在抗窄带瞄准式干扰上的能力，但是却不能反映出引信在采用了抗干扰措施后所发生的变化，因此需要修正这个式子。假设引信受到窄带瞄准式干扰，并且被完全干扰的情况下，即被干扰概率为 1 时，采用捷变频抗干扰措施后，引信被干扰的概率为：

$$f_p = \frac{B_{JA} \cap B_{FA}}{B_{FA}} \cdot \frac{T_{FA} - T_{JR}}{T_{FA}} \qquad (6-48)$$

式中，T_{JR} 代表了干扰机干扰引信所需要的时间，也是干扰机跳频周期与干扰信号到达引信的延迟时间的和。可以发现，只要引信的跳频周期远远小于干扰机干扰引信的周期，那么就不可能被干扰到，即被干扰概率为 0。此时忽略引信变频后对回波信号等因素的影响，引信的抗干扰改善因子为：

$$D = \frac{B_{FA}}{B_{JA} \cap B_{FA}} \cdot \frac{T_{FA}}{T_{FA} - T_{JR}} \qquad (6-49)$$

然而，在现实战争中，无线电侦测系统是很难有效截获多发引信的大量频点的，即使侦测系统截取到部分频点，干扰机也需要一定时间进行频率对准。因此，捷变频引信是很难受到窄带瞄准式干扰的，也就表明捷变频引信的抗窄带瞄准式干扰的能力非常强。

3. 对抗扫频式干扰的性能分析

扫频式干扰的过程也是一个动态扫描过程，但是它同时具备窄带瞄准式干扰及宽带阻塞式干扰的特点。扫频式干扰虽然运用的是窄带来干扰信号，但是由于干扰的范围只局限于扫频扫到的带宽内干扰，因此，如果想要对频率捷变引信进行干扰，则必须要具备足够宽的带宽。同时，扫频的速度也非常重要，不能太慢也不能太快，需要考虑引信的反应时间。

当引信频率正处于干扰扫描的区域范围内时，捷变频引信会被干扰影响的时间为：

$$t = \frac{B_R + B_{JS}}{V_J} = T_{JS} \frac{B_R + B_{JS}}{B_{JA} - B_{JS}} \qquad (6-50)$$

式中，V_J 为干扰机的扫频速率；T_{JS} 为干扰机扫频周期。

考虑到引信存在反应时间，干扰频带扫描到接收机的时间应该大于或等于引信接收的响应时间，通常情况下，引信的响应时间为 $t_0 = \dfrac{1}{B_R}$，因此形成干扰的条件必须满足 $t \geq t_0$，将此不等式参数与上式进行计算，可得 $V_J \leq B_R(B_R + B_{JS})$。在该条件下，一个扫频周期内雷达受到干扰的概率为：

$$f_p = \frac{t}{T_{JS}} = \frac{B_R + B_{JS}}{B_{JA} - B_{JS}} \tag{6-51}$$

然而采取了抗干扰措施后，引信被干扰的概率为：

$$f_p = \frac{B_{JA} \cap B_{FA}}{B_{FA}} \cdot \frac{t}{T_{JS}} \tag{6-52}$$

将采取抗干扰措施前后的干扰概率相比，即可得到改善因子为：

$$D = \frac{B_{FA}}{B_{JA} \cap B_{FA}} \tag{6-53}$$

综上可见，扫频式干扰的利用率虽然高，并且能够在很宽的频带范围内进行快速的频率调谐，只不过干扰的效果并不是很理想。因为要控制扫频的速度适中，也就是既不能够太快，也不能够太慢，太快会导致对引信的干扰不够充分；如果没有达到引信被干扰的电压积累响应时间，太慢又会导致引信受到干扰的概率降低。即使在某一时刻，扫频式干扰能够影响到某一频点的信号，但是对于捷变频引信的该频点的多普勒信号来说，只是影响到了几个取样脉冲而已，使整个多普勒信号的信噪比略有下降。因此，扫频式干扰对捷变频引信的干扰效果很不好，换言之，捷变频引信抗扫频式干扰能力很强，几乎不会被影响。

6.5 跳频无线电引信参数的选择设计

频率捷变技术应用于无线电引信，可有效提高其抗干扰性能。在引信设计过程中，除了考虑频率捷变技术固有的参数设计因素，还要结合引信工作频点进行综合分析，不同调频体制的引信参数设计有所不同，本节主要讨论频率捷变调频引信的参数设计和选择问题。

6.5.1 频率捷变序列的选择

频率捷变序列一般由伪随机码控制其跳频点。对频率捷变无线电引信来说，前提是要求伪随机码具有较好的均匀性、随机性和较大的线性复杂度，从而保证系统有优秀的抗干扰能力。首先，应该在序列周期中使频率时隙基本相同，使得发送的信号在频域中表现出类似噪声的频谱，对方很难检测到系统的各种工作频率；其次，伪随机码应该拥有良好的自相关和互相关特性。通常，无线电引信的工作距离很近，并且两个或更多个引信同时工作，并且可以彼此形成干扰的概率小于跳频通信和频率捷变雷达的概率。但是，当敌方侦察到某发引信信号实现干扰时，频率捷变将使干扰信号频率和自身频率重叠的概率很低，使系统抗干扰能力得到较大提高。同时，良好的自相关特性可以减少系统距离模糊的限制。另外，大量频率捷变序列族的数量可以提高序列的保密性。

由上述可知，控制跳频的伪随机码应该具有以下特点：

①良好的均匀性、随机性和较大的线性复杂度；

②较好的汉明自相关性；

③良好的汉明互相关性；

④可使用的伪码条数多。

表 6 - 1 为几种典型频率捷变序列构造方法之间的主要性能对比。

表 6 - 1　几种典型频率捷变序列构造方法之间的主要性能对比

序号	跳频序列	汉明自相关	汉明互相关	线性复杂度
1	素数序列	最佳	最佳	一般
2	RS 码	最佳	最佳	低
3	m 序列	最佳	最佳	低
4	M 序列	较好	较好	较高
5	GMW 序列	最佳	最佳	高
6	具有二值自相关函数的 p^m 元序列	最佳	最佳	高
7	Bent 序列	较好	较好	高
8	混沌跳频序列	较好	较好	高
9	蓝牙跳频序列	较好	较好	高
10	基于密码学的跳频序列	较好	较好	高
11	基于同余的跳频序列	较好	较好	一般

6.5.2　频率捷变循环周期

跳频循环周期和伪码的码长一致。当频率捷变引信的跳频规律由伪码控制时，其随机性好，加之引信工作的时间比较短，敌方往往很难得到引信系统的工作频率，这使得频率捷变引信在反侦测拦截和反跟踪干扰方面非常有效。故而，扩展频率捷变周期可以增强引信的抗干扰性能。

频率捷变调频系统的差频信号的谱线间隔与其周期有关。频率捷变循环周期越大，谱线间隔越小，由于谱线离散而造成的系统固定误差就越小，系统的定距精度也就越高。

设频率捷变循环周期为 T_M，T_M 越大，频率跳变的随机性越好，抗干扰能力越好，系统固定误差越小。综上所述，在选择参数时，T_M 的值应该较大。一般地，在频点为 N，线性调频周期为 T 时，令 $T_M = NT$，当频点较少，而又希望引信抗干扰能力更好一些时，可以将调频周期设置为伪码的周期，此时，一个频点在一个循环周期内可能会多次出现。

6.5.3　频点跳变速率

跳频率是频率捷变系统的重要指标。一方面，如果频率跳跃率太低，信号很容易被敌人截获、跟踪和干扰；另一方面，如果频率跳跃率太高，虽然提高了抗干扰能力，实现难度增加，并且存在诸如与线性调制周期的匹配等一系列问题。因此，跳频率的选取要根据实际应用需求、实现难度及成本等综合考虑。

在设计频点跳变速率 f_v 时，当确定了线性调制周期 T 的值后，跳变速率受线性调制周期的限制，需满足 $f_v \leqslant \dfrac{1}{T}$ 的关系。通常，跳变周期大于线性调频周期，当一个跳变周期内有 m 个线性调频周期时，频率跳变速率的取值为 $f_v = \dfrac{1}{mT}$。

6.5.4　跳频间隔与捷变总带宽

系统占用的带宽通常均匀分为多个频隙，跳频可以在相邻的频隙或多个频隙之间进行。当跳频间隔宽时，有利于对抗跟踪干扰，使探测器难以跟踪频率转换点，并且使敌方干扰器难以调谐到相应的频率点。当频点数为 M 时，跳频间隔需要满足 $d < \dfrac{M}{2}$。

捷变总带宽越大，意味着抗干扰性能越好。因为存在较多跳变频点，敌方很难探测到该信号。此外，在有源干扰方面很少有能做到在全部频带上实现干扰的。宽带阻塞干扰对宽带系统更有效，但频率捷变引信虽然具有宽的总带宽，但是对于每个频率点，引信系统是窄带的，这意味着信号可以有比较大的发射功率。阻塞式干扰的干扰功率潜密度往往不高，使进入引信的有效干扰的影响不大，因此，较宽的频率捷变总带宽将使系统抗有源干扰的能力得到增强。捷变总带宽与中心工作频率相关，如果中心工作频率较高，带宽可以相应地展宽一些。但是实际应用中总带宽要受到器件水平、工程可实现等因素限制。

第 7 章　复合体制引信

7.1　引信复合方式

复合体制引信是指采用两种或两种以上探测原理探测目标的引信。复合探测可以利用同一种物理场，也可以结合不同物理场共同探测。利用同一种物理场的探测器，如无线电体制，可以采用电磁波的不同频率、不同方向图等方式复合探测目标。例如，美国在20世纪70年代就提出一个探测器天线方向图为球形，另一个探测器天线方向图为横8字形，只有目标出现在两个探测器方向图重合部分时，才认为探测到目标。另外，无线电探测中也可以采用不同频率的主、被动复合探测。

另外一种复合方式是采用不同物理场复合探测，例如无线电、激光、红外、磁、声、电容等各种物理场的复合。美国早已应用在反坦克弹上的引信即是无线电探测器与磁探测器的复合，目前，毫米波与激光的复合也是应用热点。

根据使用目的不同，复合引信可以有串联式和并联式。串联方式指复合的两种或多种探测器采用串联配置，当两个探测器同时探测到目标信号时，引信才作用。串联方式适用于目标背景复杂、外界干扰较严重的场合。并联方式指复合的两种或多种探测器采用并联配置，只要有一个探测器探测到目标信号，引信即可作用。并联方式适用于对目标可靠作用要求比较高的应用场合。

另外，引信有近炸和触发的不同作用方式，根据作用方式不同，也可以实现近炸和触发的作用方式在同一发引信上的复合。

总之，引信复合探测的原则和目的是提高引信的近炸正确作用率、抗干扰能力及作用的可靠性。相比较单一探测方式，复合探测使引信在目标识别和炸点控制中可利用的信息大幅增加。设计复合引信时，应该本着"功能互补、电路融合、结构兼容"的原则。功能互补是两个探测器均可独立获得目标信息，并且这些信息量相互独立，从而保证获取的目标信息量较复合前大幅提升。电路融合指复合探测尽量简化两套或多套电路，用一套电路完成多种功能。结构兼容指在特定空间里安排多种探测器，同时解决好物理场兼容性问题，不会带来探测器互相干扰问题。当前微波元器件和数字处理器件的水平有了大幅提升，为复合体制的电路和结构兼容性提供条件。

本章所论述的复合体制，以无线电引信为基础，分别讨论基于无线电体制的复合和无线电体制与其他物理场的复合，其中无线电体制复合讨论伪码调相与调频连续波复合探测，无线电与其他物理场复合讨论无线电与激光复合探测。

7.2 伪码调相与线性调频复合引信

7.2.1 伪码调相与线性调频复合调制探测器工作原理

伪码调相与线性调频复合调制探测器由收发共用天线、载波振荡器、定向耦合器、调相器、低噪放、混频器和视频放大等模块构成，经探测器后送信号处理进行目标识别和炸点控制，如图 7-1 所示。它完成复合调制信号的发射、接收和混频功能，最终输出炸点。其工作原理为：载波振荡器产生射频信号，其首先加载一个线性调频信号，而后经过伪随机码调相，由天线发射出去。目标回波信号与来自定向耦合器的本振线性调频信号经混频及视频放大后，输出中频信号，输送给信号处理单元进行目标信号的检测和特征提取，从而实现定距功能。

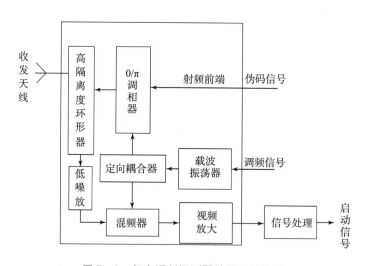

图 7-1　复合调制探测器的原理结构图

在复合定距方法上，本书中采用图 7-2 所示的相关检测技术。此方案是相关定距和谐波定距的结合，因此简称为相关-谐波定距系统。

相关-谐波定距系统的工作原理可理解为：由混频器输出的中频信号首先与本地延迟伪码信号 $m(t-\tau_0)$ 相乘，实质是做一次瞬时相关，目的是把相关的信息保留在信号中，防止在后续的信号处理过程中由于 m 序列衰减、畸变而无法得到相关峰值，影响系统定距性能。之后送入窄带带通滤波器滤去其他谐波。为防止过高的中频信号中

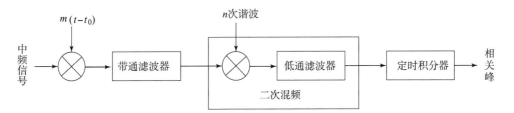

图 7 – 2　相关 – 谐波检测系统设计原理框图

心频率影响积分效果，在乘法器和积分器之间加入二次混频模块，降低中频信号中心频率，扩展其多普勒容限性能。最后经定时积分器输出定距相关峰。

下面两节重点对复合发射信号及回波作用在探测器各部分的变化和特性进行理论分析，深入了解其工作原理，为目标信号分选与识别、目标信号特征提取提供参数和依据。

7.2.2　伪码调相与线性调频复合调制信号分析

1. 复合调制信号时域分析

（1）发射信号

等幅正弦振荡信号首先被锯齿波进行频率调制，如图 7 – 3 所示。其中，f_0 为载波频率；τ 为回波延迟时间；调制周期为 T_L；调制频偏为 B；调制斜率 $K = B/T_L$。则线性调频信号在 $t \in \left[nT_L, (n+1)T_L\right]$ 区间内，t 时刻的瞬时频率 $f^{n+1}(t)$ 为：

$$f^{n+1}(t) = f_0 + K(t - nT_L), nT_L \leq t < (n+1)T_L, n = 0,1,2,\cdots \tag{7-1}$$

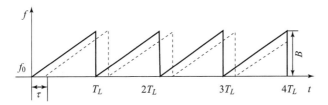

图 7 – 3　线性调频锯齿信号时频关系

由此可得线性调频信号在 $\left[nT_L, (n+1)T_L\right]$ 区间，t 时刻的瞬时相位 $\phi^{n+1}(t)$ 为：

$$
\begin{aligned}
\phi^{n+1}(t) &= 2\pi \Big[\sum_{k=1}^{n} \int_{(k-1)T_L}^{kT_L} f^k(t)\,\mathrm{d}t + \int_{nT_L}^{t} f^{n+1}(t)\,\mathrm{d}t \Big] \\
&= 2\pi \Big(\sum_{k=1}^{n} \int_{(k-1)T_L}^{kT_L} \{f_0 + K[t - (k-1)T_L]\}\,\mathrm{d}t + \int_{nT_L}^{t} [f_0 + K(t - nT_L)]\,\mathrm{d}t \Big) \\
&= 2\pi \Big[(f_0 - n\beta T_L)t + \frac{1}{2}Kt^2 + \frac{n(n+1)}{2}\beta T_L^2 \Big]
\end{aligned}
$$

$$nT_L \leq t \leq (n+1)T_L, n = 0,1,2,3,\cdots \tag{7-2}$$

复合调制信号是在线性调频信号的基础上进行 $0/\pi$ 二相调制。这里假设伪码重复周期等于线性调频信号的调制周期 T_L，则复合调制探测器的发射信号 $u(t)$ 可表述为：

$$u(t) = A_t m(t - nT_L)\cos\left\{2\pi\left[(f_0 - nKT_L)t + \frac{1}{2}Kt^2 + \frac{n(n+1)}{2}KT_L^2\right]\right\} \quad (7-3)$$

$$nT_L \leq t < (n+1)T_L, n = 0,1,2,\cdots$$

式中，A_t 为发射信号振幅；伪码信号的表达式为 $m(t) = 1/\sqrt{pT_c}\sum_{k=0}^{p-1}c_k v(t - kT_c)$，$c_k$ 是伪随机序列，其取值为 ± 1，$v(t)$ 为在区间 $(0, T_c)$ 取1、其他 t 值时取0的子脉冲函数，p 是码长，T_c 是码元宽度。由公式（7-3）可知，复合调制探测器的发射信号为伪随机序列与线性调频信号的乘积，如图7-4所示。

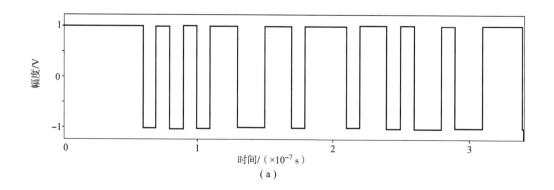

（a）

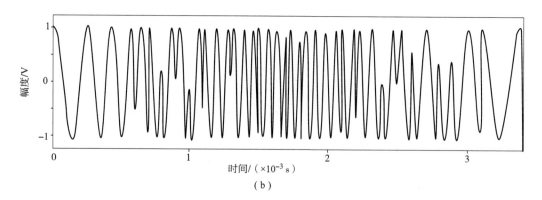

（b）

图7-4　复合调制信号时域波形

（a）伪随机码序列；（b）复合调制信号

（2）回波信号

复合调制探测器接收的目标回波信号 $u_r(t)$ 的表达式为：

$$u_r(t) = A_r(t)m(t - nT_L - \tau)\cdot\cos\left\{2\pi\left[(f_0 - nKT_L)(t - \tau) + \frac{1}{2}K(t - \tau)^2 + \frac{n(n+1)}{2}KT_L^2 + \alpha\right]\right\}$$

$$nT + \tau \leq t \leq (n+1)T + \tau, n = 0, 1, 2, \cdots \tag{7-4}$$

式中，$A_r(t)$ 为回波信号振幅；τ 为与弹目之间距离有关的延迟时间；α 为目标反射引起的固定相移。

2. 复合调制信号频域分析

一个伪码重复周期 pT_c 内，复合调制信号的频谱函数为：

$$
\begin{aligned}
|U(f)| &= \left| \frac{1}{\sqrt{pT_c}} \int_0^{pT_c} \left(\sum_{i=0}^{p-1} c_i u(t - iT_c) \right) \mathrm{e}^{\mathrm{j}\pi K t^2} \cdot \mathrm{e}^{-\mathrm{j}2\pi f t} \mathrm{d}t \right| \\
&= \left| \frac{1}{\sqrt{pT_c}} \sum_{i=0}^{p-1} c_i \int_{iT_c}^{(i+1)T_c} \mathrm{e}^{\mathrm{j}\pi\beta t^2} \cdot \mathrm{e}^{-\mathrm{j}2\pi f t} \mathrm{d}t \right| \\
&= \frac{1}{\sqrt{2KpT_c}} \left\{ \left[\sum_{i=0}^{p-1} c_i (c(U_{i+1}) + c(U_{i+2})) \right]^2 + \left[\sum_{i=0}^{p-1} c_i (s(U_1) + s(U_2)) \right]^2 \right\}^{1/2}
\end{aligned}
$$

$$\tag{7-5}$$

式中，$U_i = \sqrt{2K}(iT_c - f/K)$；$c(U)$ 和 $s(U)$ 为菲涅尔积分公式。图 7-5 给出了复合调制信号在 $B = 30$ MHz，码元宽度 $T_c = 50$ ns，码序列长度 $p = 63$ 时的幅度谱图。

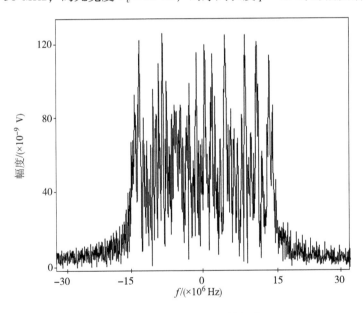

图 7-5　复合调制信号的频谱

7.2.3　伪码调相与线性调频复合引信定距方法

复合调制探测器信号处理部分采用相关 - 谐波定距方法，具体的系统模型如图 7-6 所示。因为系统混频使用的是本地线性调频波 $u_l(t)$，在此称为一次混频，其他信号为：$u_r(t)$ 为回波信号；$u_d(t)$ 为中频信号；$f_0(t)$ 为瞬时相关输出；$f_1(t)$ 为二次混频输出；带通滤波器单边带宽为 $2\omega_D$，二次混频中的低通滤波器单边带宽为 ω_D，而 ω_D 大于最大的多普勒角频率。定距系统最后输出为与预定作用距离对应的相关峰，所以相关函数直接决定了系统的定距性能。

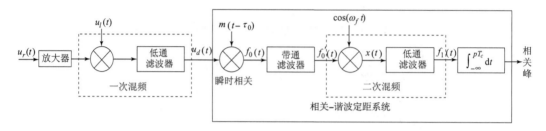

图 7 - 6 复合调制探测器模型

本节将运用功率谱分析法，采用能够反映目标相关峰性能的参数相关峰的主旁瓣功率比（简称主旁瓣比）作为无干扰时系统定距性能参考量，其表达式见式（7 - 16）。

$$q = \frac{P_{Smin}}{P_{Sside}} \tag{7-6}$$

式中，P_{Smin} 是回波延迟 τ 和预定延迟 τ_0 相同时积分器输出功率；P_{Sside} 是 $\tau \neq \tau_0$ 时积分器输出功率，且 $\tau = \tau_0 + kT_c$，$k = \pm 1$，± 2，…。

由图 7 -6 可知，定距系统主要包含瞬时相关、带通滤波、二次混频和定时积分四部分。

结合式（7 -5），瞬时相关后的输出波形 $f_0(t)$ 可表示为：

$$f_0(t) = A_d m(t - \tau) m(t - \tau_0) \cos[\omega_h t + \phi(\tau)] \tag{7-7}$$

式中，A_d 是中频信号的幅度，运用积化和差公式可得其表达式为 $A_d = (A_r A_a A_L H_{L1})/2$，其中 A_r 是回波幅度；A_a 是探测器接收机放大器的放大倍数；A_L 混频用线性调频信号的幅度；H_{L1} 是第一个低通滤波器的放大倍数；τ 是回波延迟；τ_0 是系统预定延迟，对应预定作用距离。

当 $\tau = \tau_0$ 时，定距系统输出相关峰，即输出主瓣，此时 $m(t - \tau) m(t - \tau_0) = 1$，且 $\phi(\tau_0) = \phi_1$，可得瞬时相关输出为：

$$f_0(t) = A_d \cos(\omega_h t + \phi_1) \tag{7-8}$$

对上式在时间间隔 $[-T/2, T/2]$ 内求自相关函数：

$$
\begin{aligned}
R_0(\tau) &= \lim_{T \to \infty} \frac{1}{2T} \int_{-\tau}^{\tau} A_d^2 \cos(\omega_h t + \phi_1) \cos(\omega_h t - \omega_h \tau + \phi_1) \, dt \\
&= \lim_{T \to \infty} \frac{A_d^2}{2T} \frac{\sin(2\omega_h t + 2\phi_1 - \omega_h \tau)}{2\omega_2} + \lim_{T \to \infty} \frac{A_d^2}{4T} \cos \omega_k \tau \cdot 2T \\
&= \frac{A_d^2}{2} \cos \omega_h \tau
\end{aligned}
\tag{7-9}
$$

对上式进行傅里叶变换，可得其功率谱：

$$G_0(\omega) = \int_{-\infty}^{+\infty} R_0(\tau) e^{-j\omega\tau} d\tau = \frac{A_d^2}{2}\pi[\delta(\omega - \omega_h) + \delta(\omega + \omega_h)] \qquad (7-10)$$

带通滤波器设计是以作用距离对应谐波设计的，以 $2\pi K\tau_0$ 为中心，$2\omega_D$ 为单边带宽，ω_D 是可以取到的最大多普勒角频率，所以主瓣功率谱 $G_0(\omega)$ 可以全部通过滤波器通带。若带通滤波器的放大倍数为 H_B，二次混频本振角频率 $\omega_f = 2\pi K\tau_0$，多普勒角频率为 $\omega_d = 2\pi f_d$，则混频相乘部分的输出为：

$$\begin{aligned} H_B f_0(t)\cos(\omega_f t) &= A_d H_B \cos(\omega_k t + \phi_1)\cos(\omega_f t) \\ &= \frac{A_d H_B}{2}\{\cos[2\pi(K\tau + K\tau_0 - f_d)t + \phi_1] + \cos(2\pi f_d t - \phi_1)\} \end{aligned}$$

$$(7-11)$$

大括号内第一项是高频部分，低通滤波会将其滤掉，第二项是低频部分，在滤波后留下，即二次混频输出为：

$$f_1(t) = \frac{A_d H_B H_{l2}}{2}\cos(\omega_d t - \phi_1) \qquad (7-12)$$

式中，H_{l2} 是低通滤波器的放大倍数。

$f_1(t)$ 自相关函数为：

$$R_1(\tau) = \frac{A_d^2 H_B^2 H_{l2}^2}{4}\frac{1}{2}\cos(\omega_d\tau) = \frac{A_d^2 H_B^2 H_{l2}^2}{8}\cos(\omega_d\tau) \qquad (7-13)$$

$R_1(\tau)$ 功率谱为

$$G_1(\omega) = \frac{A_d^2 H_B^2 H_{l2}^2}{8}\pi[\delta(\omega + \omega_d) + \delta(\omega - \omega_d)] \qquad (7-14)$$

定时积分器的输出信号 $f_1(t)$ 是含有回波延迟的函数，为方便分析，记为 $f_1(t-\tau)$，则定时积分的输出可表示为：

$$y(t) = \int_0^{pT_c} f_1(t-\tau)dt = \int_{-\infty}^{+\infty} f_1(t-\tau)f_{pT_c}(t)dt = R_{pT_c}(\tau) \qquad (7-15)$$

其中 $f_{pT_c}(t) = 1$ 且 $t \in (0, pT_c)$，因此定时积分过程可转化成图 7-7。

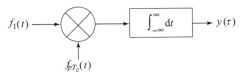

图 7-7 定时积分等价计算模型

由于 $f_1(t)$ 是实函数，则相关输出 $y(\tau)$ 可表示为：

$$y(\tau) = \int_{-\infty}^{\infty} f_{pT_c}(t)f_1^*(t-\tau)dt \qquad (7-16)$$

根据相关定理，$R_{pT_c}(\tau)$ 的频谱为：

$$\mathscr{F}[y(\tau)] = F_{pT_c}(\omega)F_1^*(\omega) \tag{7-17}$$

式中，$\mathscr{F}$ 为傅里叶算子，则 $R_{pT_c}(\tau)$ 的功率谱为：

$$G_y(\omega) = |Y(\omega)|^2 = Y(\omega)Y^*(\omega) = |F_{pT_c}(\omega)|^2|F_1(\omega)|^2 = G_1(\omega)|F_{pT_c}(\omega)|^2 \tag{7-18}$$

式中，$F_{pT_c}(\omega)$ 是 $F_{pT_c}(t)$ 的傅里叶变换：$F_{pT_c}(\omega) = pT_c\text{sinc}\left(\dfrac{pT_c\omega}{2}\right)\exp\left(-j\omega\dfrac{pT_c}{2}\right)$。那么结合式（7-18），通过定时积分后，系统输出主瓣功率谱密度为：

$$\begin{aligned}
\varphi_{\text{Sout}}(\omega) &= G_1(\omega)|F_{pT_c}(\omega)|^2 \\
&= \frac{A_d^2H_B^2H_{L2}^2}{8}\pi[\delta(\omega+\omega_d)+\delta(\omega-\omega_d)] \cdot p^2T_c^2\text{sinc}^2\left(\frac{pT_c\omega}{2}\right) \\
&= \frac{A_d^2H_B^2H_{L2}^2}{8}\pi p^2T_c^2\text{sinc}^2\left(\frac{pT_c\omega_d}{2}\right)[\delta(\omega+\omega_d)+\delta(\omega-\omega_d)] \tag{7-19}
\end{aligned}$$

输出主瓣功率为：

$$\begin{aligned}
P_{S\text{main}} &= \frac{1}{2\pi}\int_{-\infty}^{\infty}\varphi_{\text{Sout}}(\omega)\,\mathrm{d}\omega = \frac{1}{2\pi}\frac{2A_d^2H_B^2H_{L2}^2}{8}\pi p^2T_c^2\text{sinc}^2\left(\frac{pT_c\omega_d}{2}\right) \\
&= \frac{A_d^2H_B^2H_{L2}^2}{8}p^2T_c^2\text{sinc}^2\left(\frac{pT_c\omega_d}{2}\right) \tag{7-20}
\end{aligned}$$

当 $\tau \neq \tau_0$，且 $\tau = \tau_0 + kT_c$，$k = \pm1$，±2，$\cdots$ 时，定距系统输出旁瓣。根据伪随机码的性质 $m(t-\tau)m(t-\tau_0) = m(t-\tau')$，且 $\phi(\tau_0) = \phi_2$，可得瞬时相关输出为：

$$f_0(t) = A_d m(t-\tau')\cos[(2\pi K\tau-\omega_d)t+\phi_2] \tag{7-21}$$

式（7-21）是一个非平稳信号，非平稳信号自相关函数的时间平均和其功率谱密度是一个变换对，据此先求式（7-21）的瞬时自相关函数：

$$\begin{aligned}
R_0(\tau,t) &= E[f_0(t)f_0(t+\tau)] \\
&= A_d^2E[m(t-\tau')m(t-\tau'-\tau)]E[\cos(\omega_2 t+\phi_2)\cos(\omega_2 t-\omega_2\tau+\phi_2)] \tag{7-22}
\end{aligned}$$

式中，第一个因式是 m 序列的自相关函数，与时间无关，记为 $R_m(\tau)$；第二项因子与时间有关，需要对 $R_0(\tau,t)$ 进行时间平均：

$$\begin{aligned}
R_0(\tau) &= \lim_{T\to\infty}\frac{1}{2T}\int_{-T}^{T}R_0(\tau,t)\,\mathrm{d}t \\
&= A_d^2R_m(\tau)\lim_{T\to\infty}\frac{1}{2T}\int_{-T}^{T}\frac{1}{2}[\cos(2\omega_2 t-\omega_2\tau+2\phi_2)+\cos(\omega_2\tau)]\,\mathrm{d}t \\
&= \frac{A_d^2}{2}R_m(\tau)\cos(\omega_2\tau) \tag{7-23}
\end{aligned}$$

对上式求傅里叶变换，可得旁瓣瞬时相关后的功率谱：

$$G_0(\omega) = \frac{A_d^2}{2}\frac{1}{2\pi}G_m(\omega) \otimes \pi[\delta(\omega + \omega_2) + \delta(\omega - \omega_2)]$$

$$= \frac{A_d^2}{4}[G_m(\omega + \omega_2) + G_m(\omega - \omega_2)] \qquad (7-24)$$

式中，$G_m(\omega)$ 为伪随机码的功率谱，表达式为：

$$G_m(\omega) = \frac{2\pi(p+1)}{p^2}\mathrm{sinc}^2\left(\frac{\omega T_c}{2}\right)\sum_{\substack{n=-\infty \\ n \neq 0}}^{\infty}\delta\left(\omega - \frac{2\pi n}{pT_c}\right) + \frac{2\pi}{p^2}\delta(\omega) \qquad (7-25)$$

式中，T_c 是码元宽度；p 是码长；$G_m(\omega)$ 的主要能量在 $[-2\pi/T_c, 2\pi/T_c]$ 区间。根据复合调制探测器的参数设置限制及弹体多普勒频率变化范围，谱线的间距远大于带通滤波器的通带宽度，所以一次至多两根谱线能够进入带通滤波器。下面根据 $G_0(\omega)$ 和带通滤波器的关系，分为以下两种情况讨论：

①当 $-(K\tau - f_d) + 1/(pT_c) \geq K\tau_0 - f_d + f_D$ 时，仅有最中间的谱线能进入通带。此时通过带通滤波器的信号的功率谱为：

$$G_0'(\omega) = \frac{A_d^2 H_B^2}{4}\frac{2\pi}{p^2}[\delta(\omega + \omega_h) + \delta(\omega - \omega_h)]$$

$$= \frac{A_d^2 H_B^2 \pi}{2p^2}[\delta(\omega + \omega_h) + \delta(\omega - \omega_h)] \qquad (7-26)$$

②当 $K\tau_0 - f_d - F_D \leq -(K\tau - f_d) + 1/(pT_c) \leq K\tau_0 - f_d + f_D$ 时，次谱线（即最高谱线）也能进入系统。此时通过带通滤波器的信号的功率谱为：

$$G_0'(\omega) = \frac{A_d^2 H_B^2}{4}\left[\frac{2\pi}{p^2}\delta(\omega + \omega_h) + \frac{2\pi}{p^2}\delta(\omega - \omega_h) + \frac{2\pi(p+1)}{p^2}\cdot\right.$$

$$\left.\mathrm{sinc}^2\left(\frac{\omega T_c}{2}\right)\delta\left(\omega - \frac{2\pi}{pT_c} + \omega_h\right) + \frac{2\pi(p+1)}{p^2}\mathrm{sinc}^2\left(\frac{\omega T_c}{2}\right)\delta\left(\omega + \frac{2\pi}{pT_c} - \omega_h\right)\right]$$

$$= \frac{A_d^2 H_B^2 \pi}{2p^2}\left[\delta(\omega + \omega_h) + \delta(\omega - \omega_h) + (p+1)\mathrm{sinc}^2\left(\frac{\omega T_c}{2}\right)\delta\left(\omega - \frac{2\pi}{pT_c} + \omega_h\right) + \right.$$

$$\left.(p+1)\mathrm{sinc}^2\left(\frac{\omega T_c}{2}\right)\delta\left(\omega + \frac{2\pi}{pT_c} - \omega_h\right)\right] \qquad (7-27)$$

二次混频后的输出信号为 $x(t) = f_0'(t)\cos(\omega_f)t$，经过低通滤波后，输出为 $f_1(t)$，其中 $\omega_f = 2\pi K\tau$，为混频本振谐波角频率。要得到低通滤波的输出，必须知道 $x(t)$ 的功率谱。因此首先讨论两个任意信号乘积的功率谱。

假设相互独立的两个信号 $X(t)$ 和 $Y(t)$ 的平稳情况未知，其乘积 $Z(t)$ 的瞬时自相关函数如下式：

$$R_Z(t, \tau) = E[X(t)Y(t)X(t+\tau)Y(t+\tau)] = R_X(t, \tau)R_Y(t, \tau) \qquad (7-28)$$

对上式进行时间平均：

$$\overline{R_Z}(t,\tau) = \lim_{T\to\infty}\frac{1}{2T}\int_{-T}^{T}R_Z(t,\tau)\mathrm{d}t = \lim_{T\to\infty}\frac{1}{2T}\int_{-T}^{T}R_X(t,\tau)R_Y(t,\tau)\mathrm{d}t \qquad (7-29)$$

若 $X(t)$ 或 $Y(t)$ 中有一个平稳，此处设为 $X(t)$，有

$$R_X(t,\tau) = \overline{R_X}(\tau) = R_X(\tau) \qquad (7-30)$$

代入 $\overline{R_Z}(t,\tau)$ 可得：

$$\overline{R_Z}(t,\tau) = \lim_{T\to\infty}\frac{1}{2T}\int_{-T}^{T}R_X(t,\tau)R_Y(t,\tau)\mathrm{d}t$$

$$= R_X(\tau)\lim_{T\to\infty}\frac{1}{2T}\int_{-T}^{T}R_Y(t,\tau)\mathrm{d}t = R_X(\tau)\,\overline{R_Y}(t,\tau)$$

$$(7-31)$$

对上式进行傅里叶变换，可得 $Z(t)$ 的功率谱：

$$G_Z(\omega) = \frac{1}{2\pi}G_X(\omega)\otimes G_Y(\omega) \qquad (7-32)$$

但是 $x(t)$ 中两个因子均不平稳，则式（7-32）不成立。下面讨论这种情况，此处为表示方便，将 $f_0'(t)$ 记为 $f(t)$，$x(t)$ 的自相关函数为：

$$R_x(\tau) = \lim_{T\to\infty}\frac{1}{2T}\int_{-T}^{T}f(t)f(t-\tau)\frac{1}{2}\big[\cos(2\omega_0 t - \omega_0\tau) + \cos(\omega_0\tau)\big]\mathrm{d}t$$

$$= \lim_{T\to\infty}\frac{1}{4T}\int_{-T}^{T}f(t)f(t-\tau)\cos(2\omega_0 t - \omega_0\tau)\mathrm{d}t + \lim_{T\to\infty}\frac{1}{4T}\int_{-T}^{T}f(t)f(t-\tau)\cos(\omega_0\tau)\mathrm{d}t$$

$$= R_{x1}(\tau) + R_{x2}(\tau) \qquad (7-33)$$

在以上两式中对 τ 做傅里叶变换，可得 $X(t)$ 的功率谱：

$$G_x(\omega) = G_{x1}(\omega) + G_{x2}(\omega) \qquad (7-34)$$

式中，$G_{x1}(\omega)$ 是 $R_{x1}(\tau)$ 的傅里叶变换；$G_{x2}(\omega)$ 是 $R_{x2}(\tau)$ 的傅里叶变换。求第二项功率谱：

$$R_{x2}(\tau) = \lim_{T\to\infty}\Big[\frac{\cos\omega_0\tau}{4T}\int_{-T}^{T}f(t)f(t-\tau)\mathrm{d}t\Big] = \frac{1}{2}\cos\omega_0\tau R(\tau) \qquad (7-35)$$

式中，$R(\tau)$ 是 $f(\tau)$ 的自相关函数。若其傅里叶变换为 $G(\omega)$，

$$G_{x2}(\omega) = \frac{1}{2}\frac{1}{2\pi}\pi\big[\delta(\omega+\omega_0) + \delta(\omega-\omega_0)\big]\otimes G(\omega) = \frac{1}{4}\big[G(\omega+\omega_0) + G(\omega-\omega_0)\big]$$

$$(7-36)$$

第一项 $R_{x1}(\tau)$ 的傅里叶变换较为复杂：

$$G_{x1}(\omega) = \int_{-\infty}^{\infty}\Big[\lim_{T\to\infty}\frac{1}{4T}\int_{-T}^{T}f(t)f(t-\tau)\cos(2\omega_0 t - \omega_0\tau)\mathrm{d}t\Big]\mathrm{e}^{-\mathrm{j}\omega\tau}\mathrm{d}\tau$$

$$= \lim_{T\to\infty}\frac{1}{4T}\int_{-T}^{T}f(t)\int_{-\infty}^{\infty}f(t-\tau)\cos(2\omega_0 t - \omega_0\tau)\mathrm{e}^{-\mathrm{j}\omega\tau}\mathrm{d}\tau\mathrm{d}t$$

$$= \lim_{T\to\infty}\frac{1}{4T}\int_{-T}^{T}f(t)G_{x3}(\omega)\mathrm{d}t \qquad (7-37)$$

式中,

$$G_{x3}(\omega) = \int_{-\infty}^{\infty} f(t-\tau)\cos(2\omega_0 t - \omega_0\tau)\mathrm{e}^{-\mathrm{j}\omega\tau}\,\mathrm{d}\tau$$

$$= \frac{1}{2\pi}F^*(\omega)\mathrm{e}^{-\mathrm{j}\omega t}\otimes\pi\left[\delta(\omega+\omega_0)\mathrm{e}^{\mathrm{j}2\omega_0 t}+\delta(\omega-\omega_0)\mathrm{e}^{-\mathrm{j}2\omega_0 t}\right]$$

$$= \frac{1}{2}F^*(\omega+\omega_0)\mathrm{e}^{-\mathrm{j}(\omega+\omega_0)t}\mathrm{e}^{\mathrm{j}2\omega_0 t}+\frac{1}{2}F^*(\omega-\omega_0)\mathrm{e}^{-\mathrm{j}(\omega-\omega_0)t}\mathrm{e}^{-\mathrm{j}2\omega_0 t}$$

$$= \frac{1}{2}F^*(\omega+\omega_0)\mathrm{e}^{-\mathrm{j}(\omega-\omega_0)t}+\frac{1}{2}F^*(\omega-\omega_0)\mathrm{e}^{-\mathrm{j}(\omega+\omega_0)t} \tag{7-38}$$

所以 $G_{x1}(\omega)$ 为:

$$G_{x1}(\omega) = \lim_{T\to\infty}\frac{1}{4T}\int_{-T}^{T} f(t)G_{x3}(\omega)\,\mathrm{d}t$$

$$= \frac{1}{2}\lim_{T\to\infty}\frac{1}{4T}\int_{-T}^{T} f_0(t)F^*(\omega+\omega_0)\mathrm{e}^{-\mathrm{j}(\omega-\omega_0)t}\,\mathrm{d}t+\frac{1}{2}\lim_{T\to\infty}\frac{1}{4T}\int_{-T}^{T} f_0(t)F^*(\omega-\omega_0)\mathrm{e}^{-\mathrm{j}(\omega+\omega_0)t}\,\mathrm{d}t$$

$$= \frac{1}{4}F^*(\omega+\omega_0)\lim_{T\to\infty}\frac{1}{2T}\int_{-T}^{T} f(t)\mathrm{e}^{-\mathrm{j}(\omega-\omega_0)t}\,\mathrm{d}t+\frac{1}{4}F^*(\omega-\omega_0)\lim_{T\to\infty}\frac{1}{2T}\int_{-T}^{T} f_0(t)\mathrm{e}^{-\mathrm{j}(\omega+\omega_0)t}\,\mathrm{d}t$$

$$= \frac{1}{4}F^*(\omega+\omega_0)F(\omega-\omega_0)+\frac{1}{4}F^*(\omega-\omega_0)F(\omega+\omega_0) \tag{7-39}$$

式中, $F(\omega)$ 是 $f_0'(t)$ 的频谱。由式（7-39）可得 $G_{x1}(\omega)$ 可视为 $f(t)$ 频谱的交叉项, 是由于能量的非线性引起的。但是由于 $f_0'(t)$ 是带通滤波器输出的窄带信号, 交叉项的值可能为零, $f_0'(t)$ 为零时, 其频谱示意图如图 7-8 所示。其中图 7-8（a）表示 $|F(\omega)|$; 图 7-8（b）中左侧两频谱为 $|F(w+\omega_0)|$, 右侧两频谱为 $|F(\omega-\omega_0)|$。

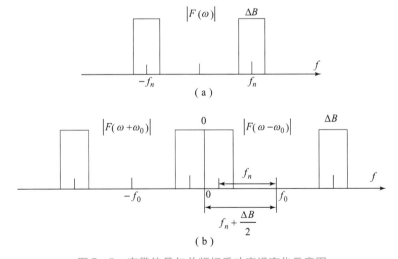

图 7-8　窄带信号与单频相乘功率谱变化示意图

（a）窄带信号频谱示意图；（b）窄带信号与单频信号相乘后频谱

由图 7-8 可知, 当两信号满足窄带条件时, 可得 $f_n+\Delta B/2\leqslant f_0$, 有交叉项 $G_{x1}(\omega)$

为零，式（7－38）化为：

$$G_x(\omega) = \frac{1}{4}[G(\omega + \omega_0) + G(\omega - \omega_0)] \tag{7－40}$$

当不满足窄带条件时，在零频处会出现能量分布。

根据以上两个任意信号乘积的功率谱表达式推导过程，可知二次混频相乘部分 $x(t) = f'_0(t)\cos(\omega_f t)$ 的功率谱为：

$$G_x(\omega) = \frac{1}{4}[G'_0(\omega + \omega_f) + G'_0(\omega - \omega_f)] \tag{7－41}$$

当 $-(K\tau - f_d) + 1/(pT_c) + 3f_d \geqslant K\tau$ 时，有 $H \leqslant \dfrac{T_L C}{4B}[1/(pT_c) + 3f_d + f_d]$，$H$ 为预定作用距离，$x(t)$ 的功率谱为：

$$G_x(\omega) = \frac{A_d^2 H_B^2 \pi}{8p^2}[\delta(\omega + \omega_f + \omega_2) + \delta(\omega + \omega_f - \omega_2) +$$
$$\delta(\omega - \omega_f + \omega_2) + \delta(\omega - \omega_f - \omega_2)] \tag{7－42}$$

式中，$\omega_h = 2\pi K\tau - \omega_d = \omega_f - \omega_d$，有 $\omega_f - \omega_h = \omega_d$。

二次混频的低通滤波后只留下频率为 ω_d 的能量：

$$G_1(\omega) = \frac{A_d^2 H_{L2}^2 H_B^2 \pi}{8p^2}[\delta(\omega + \omega_d) + \delta(\omega - \omega_d)] \tag{7－43}$$

当 $-K\tau - 2f_d \leqslant -(K\tau - f_d) + 1/(pT_c) \leqslant K\tau$，有

$$\frac{T_L C}{4B}[1/(pT_c) + f_d] \leqslant H \leqslant \frac{T_L C}{4B}[1/(pT_c) + 3f_d]$$

$x(t)$ 的功率谱为：

$$G_x(\omega) = A_d^2 H_B^2 \pi \left\{ \delta(\omega + \omega_f + \omega_h) + \delta(\omega + \omega_f - \omega_h) + \right.$$
$$(p+1)\mathrm{sinc}^2\left[\left(\frac{2\pi}{pt_0} - \omega_h\right)T_c/2\right]\delta\left(\omega + \omega_f - \frac{2\pi}{pT_c} + \omega_h\right) +$$
$$\left. (p+1)\mathrm{sinc}^2\left[\left(\frac{2\pi}{pT_c} + \omega_h\right)t_0/2\right]\delta\left(\omega + \omega_f + \frac{2\pi}{pT_c} - \omega_h\right) \right\} \Big/ (8p^2) +$$
$$A_d^2 \pi \left\{ \delta(\omega - \omega_f + \omega_h) + \delta(\omega - \omega_f - \omega_h) + \right.$$
$$(p+1)\mathrm{sinc}^2\left[\left(\frac{2\pi}{pT_c} - \omega_h\right)t_0/2\right]\delta\left(\omega - \omega_f - \frac{2\pi}{pT_c} + \omega_h\right) +$$
$$\left. (p+1)\mathrm{sinc}^2\left[\left(\frac{2\pi}{pT_c} + \omega_h\right)T_c/2\right]\delta\left(\omega - \omega_f + \frac{2\pi}{pT_c} + \omega_h\right) \right\} \Big/ (8p^2) \tag{7－44}$$

当 $\left| \omega_f - \omega_h + \dfrac{2\pi}{pT_c} \right| > 2\omega_D$ 且 $\left| \omega_f + \omega_h + \dfrac{2\pi}{pT_c} \right| > 2\omega_D$，即 $\left| \left(\dfrac{B\tau}{5} - 1\right)\dfrac{1}{pT_c} - f_d \right| > 2f_D$ 时，低

通滤波后只留下频率为 ω_d 的信号，与式（7 – 43）相同：

$$G_1(\omega) = \frac{A_d^2 H_{L2}^2 H_B^2 \pi}{8p^2}\left[\delta(\omega + \omega_d) + \delta(\omega - \omega_d)\right] = \varphi_{\mathrm{in}}(\omega) \qquad (7-45)$$

结合式（7 – 18）可得定时积分后的系统输出为：

$$\begin{aligned}
\varphi_{\mathrm{out}}(\omega) &= G_1(\omega)\,|F_{pT_c}(\omega)|^2 \\
&= \frac{A_d^2 H_{L2}^2 H_B^2 \pi}{8p^2}\left[\delta(\omega + \omega_d) + \delta(\omega - \omega_d)\right] \cdot p^2 T_c^2 \mathrm{sinc}^2\left(\frac{pT_c\omega}{2}\right) \\
&= \frac{A_d^2 H_{L2}^2 H_B^2}{8^2}\pi T_c^2 \mathrm{sinc}^2\left(\frac{pT_c\omega_d}{2}\right)\left[\delta(\omega + \omega_d) + \delta(\omega - \omega_d)\right] \qquad (7-46)
\end{aligned}$$

那么旁瓣功率为：

$$\begin{aligned}
P_{S\mathrm{side}} &= \frac{1}{2\pi}\int_{-\infty}^{\infty}\varphi_{\mathrm{out}}(\omega)\,\mathrm{d}\omega = \frac{1}{2\pi}\,\frac{2A_d^2 H_{L2}^2 H_B^2}{8}\pi T_c^2 \mathrm{sinc}^2\left(\frac{pT_c\omega_d}{2}\right) \\
&= \frac{A_d^2 H_{L2}^2 H_B^2}{8}T_c^2 \mathrm{sinc}^2\left(\frac{pT_c\omega_d}{2}\right) \qquad (7-47)
\end{aligned}$$

结合式（7 – 20）得复合调制定距系统相关峰的主旁瓣功率比为：

$$q = \frac{P_{S\mathrm{main}}}{P_{S\mathrm{sinde}}} = \frac{\dfrac{A_d^2 H_{L2}^2 H_B^2}{8}p^2 T_c^2 \mathrm{sinc}^2\left(\dfrac{pT_c\omega_d}{2}\right)}{\dfrac{A_d^2 H_{L2}^2 H_B^2}{8}T_c^2 \mathrm{sinc}^2\left(\dfrac{pT_c\omega_d}{2}\right)} = p^2 \qquad (7-48)$$

写成分贝的形式为 $10\lg q = 20\lg p$。式（7 – 48）是在滤波器时、频域特性理想、无关谐波能够完全被滤去情况下的主旁瓣功率比，与伪随机码调相引信在理想情况下的相关输出相同。当码元宽度为 $p = 31$ 时，$p^2 = 961$，$20\lg p = 29.8\ \mathrm{dB}$。

复合调制探测器的虚拟机如图 7 – 9 所示。当 70 m 为预定作用距离，弹速为 600 m/s，线性调频频偏 $B = 30\ \mathrm{MHz}$，扫频起点为 $f_0 = 3\ \mathrm{GHz}$，伪码码长 $p = 31$，码元宽度 $T_c = 50\ \mathrm{ns}$ 时，最后输出的相关峰如图 7 – 10 所示，可见明显的相关峰主瓣。

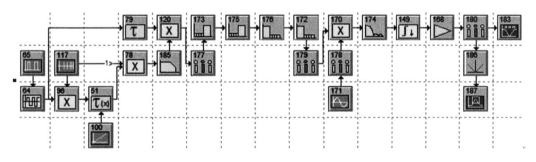

图 7 – 9　复合调制探测器的虚拟机

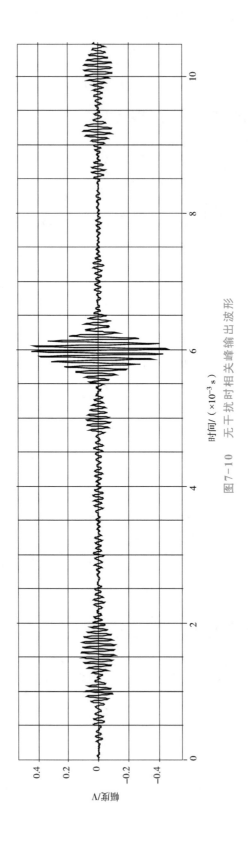

图7-10 无干扰时相关峰输出波形

7.3　多种物理场复合引信

本节讨论无线电与激光体制复合的引信设计。激光探测和无线电探测是应用较广的探测方式，激光单色性好、发射波束窄、激光体制探测精度高、抗电磁干扰能力强，但易受烟雾环境干扰；无线电体制受雨、雪、雾等自然环境干扰小，但易受电磁干扰。无线电与激光复合体制引信可以同时发挥两类探测手段的优势。由于激光、无线电属于不同物理场，两类物理场特性不同，一般的人为干扰和环境干扰很难同时干扰两路探测信号。

本节采用连续波体制（FMCW）激光引信与调频连续波无线电引信复合方式，说明复合引信抗干扰能力和对目标作用可靠性的应用。首先讨论连续波激光与调频无线电复合探测的原理及系统方案，然后讨论复合探测系统设计和应用。

7.3.1　FMCW 体制激光与无线电复合引信设计

连续波激光与调频无线电复合引信采用并行复合工作方式，激光探测系统和无线电探测系统同时对目标进行探测，连续波激光探测发射连续激光信号，且激光强度被线性调制，并利用发射信号和接收信号混频后的差频信号频率提取目标距离、速度信息。连续波激光克服了脉冲体制通过云雾、烟雾和雨雪等介质过程中幅度易受干扰的弊端，同时，调频无线电体制也是从目标回波中获取差频信号进行目标探测，在第 3 章中有详细论述。

连续波激光与调频无线电复合引信原理框图如图 7 - 11 所示。

复合引信从功能模块上可以分为激光探测系统、无线电探测系统和数字信号处理系统。在激光探测系统中，数字系统中的复合调制信号控制模块控制数字频率合成器（DDS）产生三角波线性调频信号，一路经激光驱动电路对激光二极管的光强进行调制，经发射光学系统准直后向目标方向发射出去。另一路作为本振信号传输至混频器，与目标回波信号混频后，输出差频信号，差频信号包含目标的距离信息，并经过低通滤波、自动增益、AD 采样，送至数字处理系统进行目标识别，提供距离信息并给出炸点。

无线电探测系统也采用调频连续波探测体制，硬件电路上激光和无线电探测系统可以共享部分电路，包括 DDS 产生的调制信号、差频信号采样及数字信号处理电路，这样的复合方式在功耗、体积方面有更大的优势。无线电探测系统中由 DDS 产生的三角波线性调频信号经上混频器混频至射频段，射频信号分为两路：一路信号由功率放大器放大后，经收发隔离模块通过天线发射出去，另一路作为本振信号传输至混频器。采用收发共用天线，通过射频开关实现发射和接收信号隔离。发射信号遇到目标后，

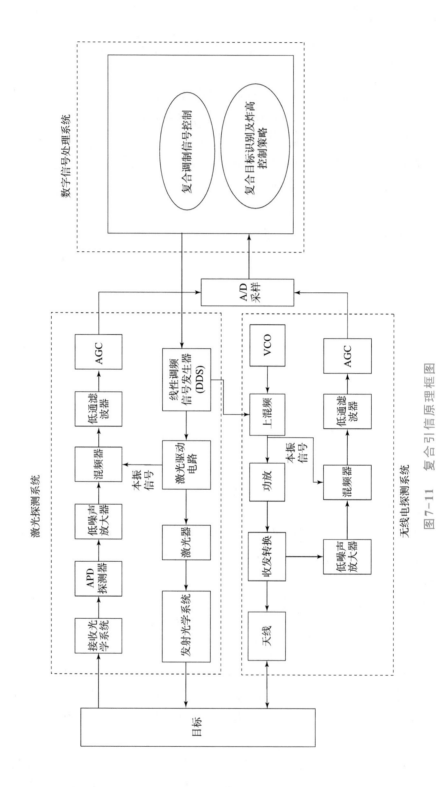

图 7-11 复合引信原理框图

产生回波信号，经由天线接收，再次经过收发隔离由低噪声放大器放大，放大后的回波信号与发射信号混频，产生差频信号，经过低通滤波、自动增益、AD 采样，送至数字处理系统进行相应处理。在信号处理器中，两路信号采用复合策略，利用 FMCW 体制激光与无线电两种探测系统得到的目标距离信息及炮弹落角等实现探测区域内目标高度识别，通过两者结合来提高抗干扰能力。

该复合探测方式集合了连续波激光和无线电两种探测体制，两种体制在结构上的复合形式是要关注的主要问题。该复合引信中，无线电探测实现前向探测，激光实现一定偏角侧向探测，激光发射方向与无线电方向图中心轴产生一定装配角度，两路同时发射并接收目标回波信号，利用两路探测的距离值及其变化规律及炮弹落角等参数，获取探测区域内目标高度信息。

复合引信中激光发射接收光学系统和无线电收发天线采用了异类传感器共口径结构，其中天线采用了中间开口的环形微带天线，激光光学系统置于天线中心。对于复合引信中激光和无线电两路探测系统，存在两个目标瞄准轴，其一为激光光学系统光轴，其二为无线电天线中心轴。共口径结构如图 7 – 12 所示，深色部分为安装微带天线的位置，中间通孔安装激光发射接收装置，这降低了两种探测器的复合难度，减小了体积，可以更好地与弹体共形。当对地面目标进行高度识别时，天线方向图与弹轴重合，实现前向探测，激光光轴与无线电中心轴存在一定装配角，两种探测方式得到不同角度回波信息，通过数据融合来获取探测区域内目标高度信息。

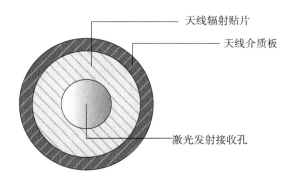

图 7 – 12　复合引信共口径结构示意图

7.3.2　无线电与激光复合引信应用

1. 目标探测模型

无线电与激光复合引信是利用共同探测获取的回波信息进行数据融合来探测目标的，本节提供一种利用复合体制探测地面建筑物或障碍物高度的复合引信实例，可以排除地面较高的障碍物干扰，更好地识别目标并避免引信早炸、误炸。文中提出了复合引信对探测区域内目标高度的识别方法，该方法充分利用复合引信中激光探测系统和无线电探测系统两路精确定距信息，同时将炮弹落角、激光探测系统光路与无线电天线中心轴形成的装配角因素考虑在内，对探测区域内目标进行高度识别，将高度信息用于引信探测过程中排除障碍物干扰，提高引信的工作可靠性。

首先，给出针对地面目标及障碍物探测的问题描述。引信工作在弹道末端，高速飞行的炮弹在接近地面目标过程中，目标前方存在较高障碍物时，引信接收到的障碍物回波信号较强，如果对障碍物探测距离达到了引信作用距离，将引起引信误动作，造成引信早炸或误炸，如图 7 – 13 所示。

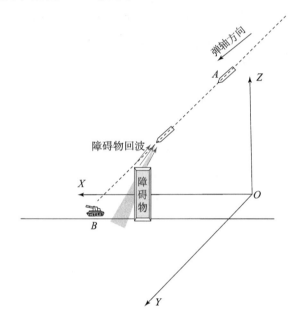

图 7 – 13　弹目交会过程中障碍物对引信干扰示意图

据此问题建立弹目交会模型。复合引信中，激光和无线电探测系统置于弹丸头部，无线电探测系统中天线方向图中心轴与弹轴重合，激光发射光束方向与无线电天线中心轴产生一定装配角度并向地面探测，两探测系统同时工作，其中无线电探测系统探测范围大，接收待测目标回波信号，激光探测系统接收地面回波，利用两路探测系统测量的距离值及其变化规律，以及炮弹落角、装配角，对地面目标进行高度识别。

弹目交会过程示意图如图 7 – 14 所示。弹体与目标构成的平面与 X 轴平行，设定 XOY 平面为大地平面。AD 为弹轴方向，无线电引信天线方向图覆盖 $\angle BAG$，AC 为激光探测系统发射接收光路方向。在理想弹目交会过程中，弹轴延长线 AD 与待测目标表面交点为 D，炮弹落角 θ。激光发射接收光路 AC 与水平地面相交角度为 ∂。激光发射接收光路与无线电天线方向图中心轴在引信装配时存在设定的角度差 φ，即 $\angle DAC$。作直线 $AF \perp BF$，$AF \perp DE$，此时 $EF = AF - AE$，可近似等于目标真实高度 h，设 EF 为目标识别高度 H。

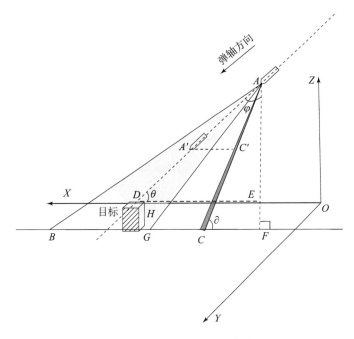

图 7 - 14　理想情况弹目交会模型

本节重点讨论利用激光和无线电两种体制复合工作，对地物目标高度的识别，即图 7 - 14 所示目标高度 H。

在图 7 - 14 中，根据几何关系有：

$$\sin\theta = \frac{AE}{AD} \qquad (7-49)$$

$$\sin\partial = \frac{AF}{AC} \qquad (7-50)$$

$$\partial = \theta + \varphi \qquad (7-51)$$

$$EF = AF - AE \qquad (7-52)$$

由此可得：

$$EF = AC\sin(\theta + \varphi) - AD\sin\theta \qquad (7-53)$$

即目标高度 H：

$$H = EF = f(AC, AD, \theta, \varphi) \qquad (7-54)$$

地物目标识别高度 H 与激光探测系统测距值 AC、无线电探测系统测距值 AD 及弹体落角 θ、激光光轴和无线电方向图中心线装配夹角 φ 有关。对于常规炮弹，落角 θ 已在发射前设定好，但在新型制导炮弹中，落角 θ 可根据弹目交会条件或者指令动态修正，是一个变量，所以本节中提出了一种简易实时的落角 θ 计算方法，根据复合引信两次测距值之差可以粗略求出。如图 7 - 14 所示，炮弹由 A 点运动到 A'，因为处于弹道末端，这里假设此段匀速运动，并且落角不变，在三角形 $AA'C'$ 中，有：

$$\frac{AC'}{\sin\theta} = \frac{AA'}{\sin(\pi - \theta - \varphi)} \qquad (7-55)$$

式中，AC' 和 AA' 分别为激光探测系统和无线电探测系统在一定时间内的测距值变化量。由式（7-55）可计算弹道末段落角 θ。

2. 无线电与激光复合引信目标高度识别方法及分析

复合引信目标高度识别方法流程如图 7-15 所示。弹体在接近目标过程中处于弹道末端，复合引信启动，其中激光探测系统和无线电探测系统同时工作，FMCW 激光探测系统得到图 7-14 中距离 AC，FMCW 无线电探测系统得到图 7-14 中目标距离 AD，激光光路与天线方向图中心轴形成的装配角 φ 已知，弹体落角 θ 已在发射前设定好或者根据复合引信两次测距值之差粗略求出，将以上变量输入一体化信号处理平台进行目标高度 H 解算，不断将当前的高度识别结果 H 与预定的目标高度 h 进行比较，如果高度识别结果 H 大于预定的目标高度 h，则可判断当前物体为障碍物干扰，避免引信早炸和误炸，提高引信作用可靠性。

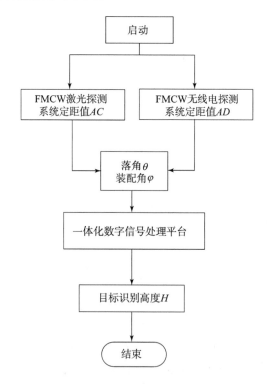

图 7-15　复合引信目标高度识别算法流程图

由上节分析可知，在不同弹目交会情况下，决定目标识别高度 H 的因素有探测系统测距误差、炮弹落角 θ、装配角 φ 等。

（1）复合引信中激光和无线电探测系统测距误差对目标识别高度 H 的影响

由式（7-54）可知，决定目标高度测量值 H 的为 4 个变量，在弹目交会末端，炮弹接近目标过程中，可以认为炮弹落角 θ、角度偏差 φ' 为定值，激光发射接收光路与无线电天线方向图中心轴装配角度差 φ 发射前确定，此时影响目标识别高度 H 的参数主要为激光测量值 AC 和无线电测距值 AD。这里假设激光测量值 AC 存在测距误差 $AC \in (AC - \sigma_1,\ AC + \sigma_1)$，无线电测量值 AD 也存在测距误差 $AD \in (AA - \sigma_2,\ AD + \sigma_2)$，其中 σ_1、σ_2 为测量误差。下面讨论复合引信中激光和无线电测距误差 σ_1、σ_2 对目标识别高度 H 的影响。

作出如下假设：炮弹落角 $\theta \in [30°,\ 45°]$，此处取 $\theta = 45°$，激光发射接收光路与无线电天线方向图中心轴装配角度差 $\varphi \in [5°,\ 15°]$，这里取 $\varphi = 10°$，且无线电角度偏差 $\varphi' \leqslant 10°$。设定目标高度 $h = 3$ m，激光测距值 $AC = 15.0$ m，由式（7-53）可反推出无线电测距值 $AD = 13.1$ m，设定激光测距误差为 ± 0.3 m，无线电定距误差为 ± 0.5 m，则在定距误差存在情况下，激光测距值范围为 $[14.7,\ 15.3]$，无线电测距范围为 $[12.6,\ 13.6]$。在以上假设情况下，在 MATLAB 仿真环境中分析激光、无线电探测系统测距误差对目标识别高度 H 的影响，结果如图 7-16 所示。

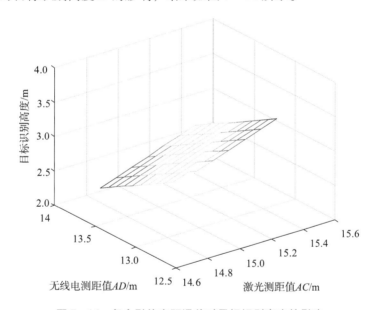

图 7-16　复合引信定距误差对目标识别高度的影响

复合引信中激光测距值 AC 和无线电测距值 AD 的误差导致目标识别高度是以目标真实高度 3 m 为中心的一个最大与最小值的范围 $H \in (2.4$ m，3.6 m$)$。

（2）炮弹落角 θ 对目标识别高度 H 的影响

设定炮弹落角 $\theta \in [30°,\ 45°]$，激光发射接收光路与无线电天线方向图中心轴装配角度差 $\varphi = 10°$，$\varphi' \leqslant 10°$ 且为定值。设定目标高度 $h = 3$ m，激光测距值 $AC = 15.0$ m，由式（7-53）可求出无线电测距值 AD，设定激光测距误差为 ± 0.3 m，无线电定距误

差为 ±0.5 m，则目标识别高度应该为一个范围，即 $H \in (H_{\min}, H_{\max})$，其中 $H_{\max}$ 为识别高度最大值，$H_{\min}$ 为识别高度最小值。令 $\delta = H_{\max} - H_{\min}$，这里定义 δ 为目标高度识别范围差。讨论炮弹落角 θ 对目标高度识别范围差 δ 的影响。

经 MATLAB 仿真计算，结果如图 7 – 17 所示，目标高度识别误差范围 δ 随着炮弹落角 θ 的增大而增大。

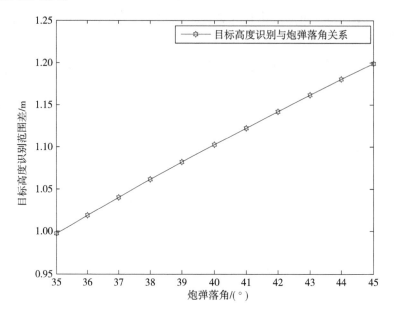

图 7 – 17　炮弹落角对目标高度识别范围差的影响

（3）不同的装配角 φ 取值对目标识别高度 H 的影响

设定炮弹落角 $\theta \in [30°, 45°]$，这里取 $\theta = 45°$，激光发射接收光路与无线电天线方向图中心轴装配角度差 $\varphi \in [5°, 15°]$，$\varphi \leqslant 10°$ 且为定值。设定目标高度 $h = 3$ m，激光测距值 $AC = 15$ m，由式（7 – 53）可反推求出无线电测距值 AD，设定激光测距误差为 ± 0.3 m，无线电定距误差为 ± 0.5 m，讨论装配角 φ 对目标识别高度误差范围 δ 的影响。

经仿真计算，目标高度识别范围差 δ 随着激光发射接收光路与无线电天线方向图中心轴装配角度差 φ 的增大而增大，如图 7 – 18 所示。所以复合引信工程实现中，应该尽量减小装配角度 φ。

3. 仿真验证

本节仿真验证弹目交会过程中复合引信对真实高度为 10 m 的障碍物目标高度识别算法的有效性。建立实时弹目交会模型，如图 7 – 19 所示，将 *XOY* 平面模拟为地面。设定炮弹落角 $\theta = 45°$，激光发射接收光路与无线电天线方向图中心轴装配角度差 $\varphi = 15°$，偏角 $\varphi' \leqslant 10°$ 且为定值，激光测距误差为 ± 0.3 m，无线电测距误差为 ± 0.5 m，

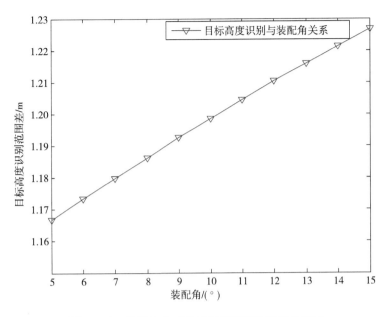

图 7 - 18　装配角度对目标高度识别范围差的影响

假设障碍物真实高度 $H = 10$ m。弹目交会末端，设定初始弹目距离为 50 m，炮弹以速度 300 m/s 做匀速直线运动飞向障碍物，弹目交会过程中，落角 θ 保持不变。综合考虑上述条件，对仿真过程重复 20 次，得到障碍物识别高度与弹目距离关系。

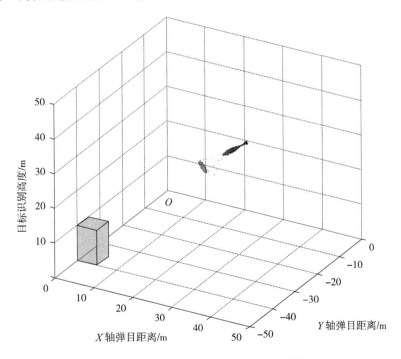

图 7 - 19　仿真环境中实时弹目交会模型

识别高度统计结果如图7-20所示。弹目距离从40 m到20 m渐渐减小过程中，对障碍物目标高度的识别结果在10 m处上下浮动，图中连成线的点表示20次统计结果求均值，高度识别结果均值与目标真实高度吻合。当弹目距离继续减小时，由于弹目较近，激光发射光路照射点由地面移动到障碍物表面，导致由公式（7-54）计算的目标高度值逐渐减小，该段弹目距离称为目标高度识别不规则区域。

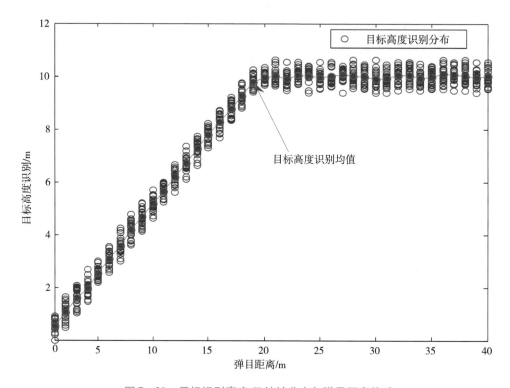

图7-20　目标识别高度 *H* 统计分布与弹目距离关系

然后试验了不同炮弹落角对实时目标高度识别结果的影响，在其他参数不变的情况下，设定炮弹落角40°～60°，仿真过程重复20次后，取目标高度识别均值，如图7-21所示。可以看出，在弹目距离从40 m不断缩小过程中，可以精确识别目标高度，但是当弹目距离继续缩小时，与图7-20分析结果相同，激光发射光路照射点由地面移动到障碍物表面，此时的激光探测和无线电探测系统同时接收到目标回波信号，由公式（7-54）计算的目标高度值逐渐减小，出现了目标高度识别不规则区域，可以看出，炮弹落角越大，目标高度识别不规则区域越小。

由此可见，复合引信地物目标高度识别方法可以用于识别地物目标高度，但是在实际应用中，应该考虑到弹目距离缩小对目标高度识别结果的影响。

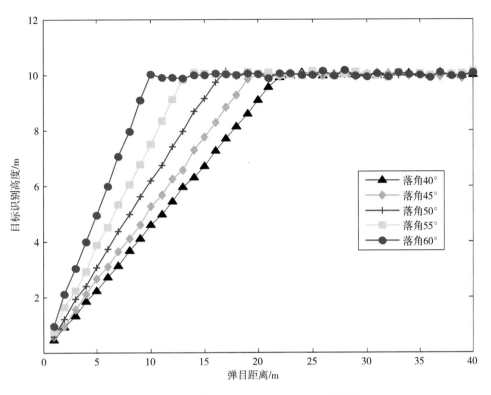

图 7 − 21　炮弹落角 θ 对实时目标识别高度的影响

第8章 无线电引信设计实例

8.1 调频连续波引信设计方案及关键技术

本章给出一种高精度调频连续波引信的设计实例。从系统组成角度可将调频连续波（FMCW）测距引信系统分为探测器（射频前端）系统及信号处理系统。射频前端通过发射射频信号，并接收目标回波信号获取携带有目标距离、速度信息的差频信号。射频前端性能直接决定调频引信探测距离、灵敏度等关键性能，而信号处理方法影响测距精度等参数。

8.1.1 调频连续波引信设计方案

调频连续波引信的组成框图如图 8－1 所示。

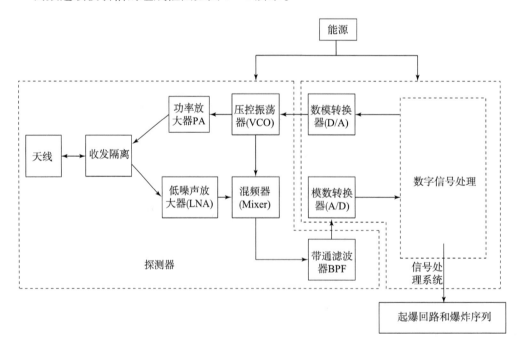

图 8－1 调频连续波引信组成框图

系统分为射频前端探测器和信号处理模块，信号处理模块通过数模转换器（D/A）产生线性调制信号（如三角波），压控振荡器（VCO）根据线性调制信号产生线性调频连续波射频信号。射频信号分为两路：一路信号由 PA 放大后，经收发隔离模块通过天线发射。发射信号遇到目标产生回波信号，回波信号由天线接收，经收发隔离，由低噪声放大器（LNA）放大，放大后的回波信号与发射信号混频，产生差频信号，差频信号经带通滤波和自动增益控制放大器（AGC）放大后，由模数转换器（A/D）采集输入数字信号处理模块，数字信号处理模块根据相应算法识别目标并提取弹目距离与弹目速度信息，从而完成起爆功能。

调频连续波引信系统参数的选择受到多方面因素的影响，同时，各个参数之间也存在相互影响，调制频偏 ΔF、射频中心频率 f_c、调频周期 T_m、收发切换频率 f_{sw}、接收机中频带宽 Δf_b、信号处理系统采样频率 F_s 等参数之间均存在多种相互制约关系，如图 8-2 所示。设计系统参数时，必须综合考虑，折中处理。本节将会以三角波调制的对地引信为设计前提，分析系统相关参数设计。

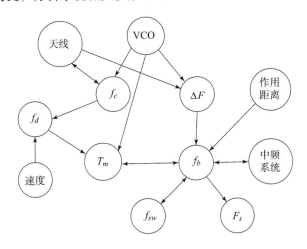

图 8-2　FMCW 引信主要参数关系示意图

T_m—调制周期；f_d—多普勒频率；f_c—射频中心频率；

ΔF—调制频偏；f_b—差频信号频率；f_{sw}—射频开关切换频率；F_s—信号处理采样频率

①从提高调频引信测距性能角度出发，较大的调制频偏可以使系统距离分辨力更好，然而提高调频频偏 ΔF 意味着增大发射信号带宽（三角波调制下，发射信号带宽约等于调制频偏），这受到系统成本和性能限制，例如，增大调制频偏 ΔF 受到 VCO 线性范围的严格制约。

②发射信号中心频率 f_c 和调制频偏 ΔF 两者之间存在一定的关联，从收发天线角度来看，提高谐振频率 f_c 使设计同等带宽的天线更加容易，因为相同绝对带宽对应的相对带宽变小。

③调频周期 T_m 的选择受到多方面的影响。首先，相同作用距离下，减小调制周期 T_m 将会增大中频信号最大频率 $\left(f_{b\min} \approx \left(\frac{4R\Delta F}{c} - 1\right)\frac{1}{T_m}\right)$，相同距离范围内，将会增大接收机中频带宽 Δf_b，而增大接收机带宽 Δf_b 意味着降低接收机噪声性能。同时，增大 T_m 同样受到多方面因素的制约，同等作用距离下，增大调制周期 T_m 将会增大中频信号最小频率 $\left(f_{b\min} \approx \left(\frac{4R\Delta F}{c} - 1\right)\frac{1}{T_m}\right)$。过小的中频信号频率将会使设计中频带通滤波器的难度增大。此外，多普勒混叠是限制增大调制周期 T_m 的一个主要因素，最大多普勒信号可以表示为 $f_{d\max} = \frac{2v_{\max}}{\lambda}$，同时考虑到多普勒滤波器的工程实现问题，一般要求 $f_{d\max} \leqslant 4\frac{1}{T_m}$。

8.1.2　调频连续波引信地面散射特性分析

对地无线电引信射频前端探测距离与地面散射特性有直接关联，地面不同的散射特性将会引起引信的有效探测距离的变化。设计引信射频前端时，必须确保引信能够在最恶劣散射条件下拥有能够满足炸点控制的最小探测距离。地面散射特性受到地面多种因素的影响，如地面粗糙程度、含水量、组成成分、入射角、波长等。本节从雷达方程出发，分析地面雷达散射截面积，推导对地引信无线电传播损耗，从而定量地分析地面散射特性对引信探测器的影响。

地面散射特性影响地面回波强度，为衡量不同条件下地面散射特性对无线电引信探测能力的影响，结合雷达方程，定义调频无线电引信的路径传播损失为：

$$L = 10\lg\left(\frac{\lambda^2}{(4\pi)^3 R^4}\sigma\right) \tag{8-1}$$

无线电引信地面平均雷达截面积可以由下式给出：

$$\overline{\sigma} = \int_{S=\pi R^2} \sigma^0 \mathrm{d}s \tag{8-2}$$

上式中积分区间为无线电引信的距离分辨单元，R 为无线电引信距离分辨单元半径，第1章中图1-11中三角位置关系，引信与地面垂直高度为 h 时，地面平均雷达截面积可以表示为：

$$\overline{\sigma}(h) = \int_S \sigma^0(\theta)\mathrm{d}s = \int_0^{\theta_m} \sigma^0(\theta)\frac{2\pi h\sin\theta}{\cos^3\theta}\mathrm{d}\theta \tag{8-3}$$

上式中积分上限 $\theta_m = \arccos\left(\frac{h}{h+\Delta R}\right)$，$\Delta R$ 为引信距离分辨力。结合式（8-2）得引信与地面垂直高度为 h 时，引信无线电信号传播路径损耗可以表示为：

$$L(h) = 10\lg\left(\int_S \frac{\lambda^2}{(4\pi)^3 R^4}\sigma(\theta)\mathrm{d}s\right) = 10\lg\left(\int_0^{\theta_m}\frac{\lambda^2}{32\pi^2 h^2}\sigma^0(\theta)\sin\theta\cos\theta\mathrm{d}\theta\right)$$

$$= 10\lg\left(\frac{\lambda^2}{32\pi^2 h^2}\right) + 10\lg\left(\int_0^{\theta_m}\sigma^0(\theta)\sin\theta\cos\theta\mathrm{d}\theta\right) \tag{8-4}$$

图 8 – 3 给出了典型玉米地、芦苇地、冻土、裸地散射条件下，引信无线电传播损耗与引信落高之间的关系。其中取 $\Delta R = 1.5$ m，S 波段地面后向散射平均雷达截面积 $\sigma^0(\theta)$ 采用已有的数据。从图中可以看出，有植被覆盖的体散射的传输损耗要大于无植被覆盖的面散射。20 m 处玉米地体散射条件下（较为苛刻），传输损耗约为 -92 dB。因此，调频引信射频前端探测能力应该优于这一数值。

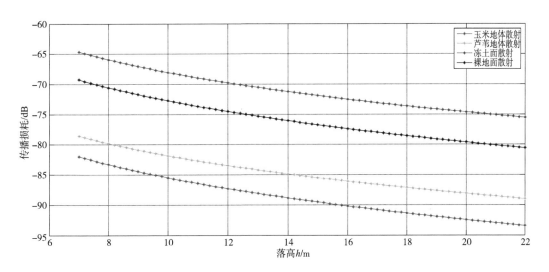

图 8 – 3　不同地形下，无线电信号传播损耗与引信落高关系

8.1.3　调频连续波引信收发隔离技术

收发泄漏是指发射信号直接耦合进入接收通道，从而引起接收机性能下降的现象。调频连续波引信由于体积空间有限，收发泄漏问题十分突出。收发泄漏直接导致射频前端灵敏度下降，同时，也有可能引起射频前端接收机的非线性失真，产生大量噪声，恶化输出信号质量。对于调频连续波引信，获取较高的收发隔离度十分必要。按照收发工作时序，收发隔离技术可以分为分时收发隔离和同时收发隔离。分时收发隔离指天线发射和接收状态交替进行，常采用射频收发开关实现；同时收发隔离指天线的收发状态同时进行，同时收发隔离一般采用铁氧体环形器等无源器件实现收发分离。本小节首先分析收发泄漏对调频连续波引信射频前端带来的影响，然后讨论常用的基于无源器件的收发隔离技术及基于收发开关的收发隔离技术。

采用收发共用天线的调频引信射频前端收发泄漏主要有三个来源，分别为板上直接泄漏、天线驻波反射信号及天线罩反射信号，如图 8 - 4 所示。

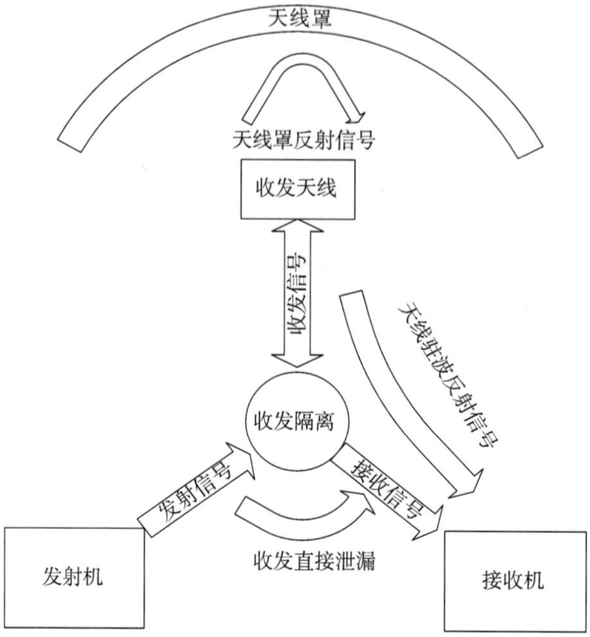

图 8 - 4 引信射频前端收发泄漏

板上直接泄漏信号是指发射信号经射频 PCB 板直接耦合进入接收通道的信号。对于同时收发隔离系统，收发天线因未完全匹配而产生的驻波信号将会直接进入接收通道，形成收发泄漏。天线罩的反射信号被当成目标反射信号进入接收系统，从而形成收发泄漏。对于调频连续波引信射频前端，收发泄漏是不可避免的。可采用收发隔离度来衡量收发泄漏问题。收发隔离度定义为发射功率与直接进入接收系统的发射信号等效输入端功率的比值，见式（8 - 5）：

$$L_{\text{leakge}} = \frac{P_{\text{r\_leakage}}}{P_{\text{send}}} \tag{8 - 5}$$

由于传输路径短，因此泄漏信号的传输时延短。泄漏信号与目标回波信号存在一定的差异。从频谱上来说，由于泄漏信号传输时延短，使泄漏信号的频谱能量主要集中在低频部分。取调制频偏 $\Delta F = 50$ MHz，泄漏信号与发射信号时延 $\tau_1 = 2$ ns（对应传输距离 0.3 m），三角波调制的条件下，仿真得到泄漏信号的相对功率谱密度分布特征如图 8 - 5 所示。

泄漏信号由发射信号直接耦合进入接收通道产生，与目标回波信号相比，不具备多普勒信号特征，在信号处理时，可以采用动目标检测技术（MTD）将泄漏信号对消。由于泄漏信号的功率往往远大于目标回波信号的功率，例如，20 m 处典型对地面的收发传输损耗可以达到 80 dB 以上，即使采用隔离指标较好的开关隔离系统（$L_{\text{leakge}} = 45$ dB），

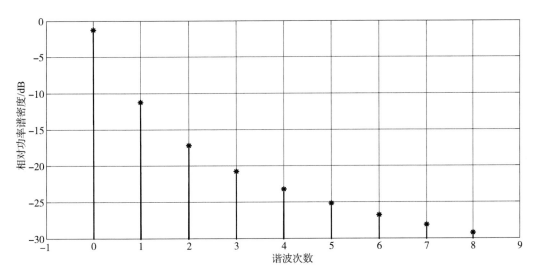

图 8 - 5　泄漏信号的相对功率谱密度分布

泄漏信号功率 $P_{r\_leakage}$ 比目标回波信号功率 $P_{recieve}$ 还是要大 35 dB 以上。由于泄漏信号的功率较强，接收机有可能因为强泄漏信号而产生非线性失真，这一点主要体现在接收机的前级低噪声放大器上。通常情况下，应该确保低噪声放大器（LNA）工作于线性工作状态，泄漏信号功率应当控制在低噪声放大器的一阶功率失调点 $P_{1\,dB}$ 以下，确保接收机正常工作，如图 8 - 6 所示。

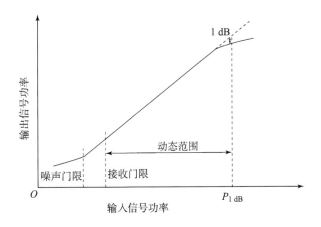

图 8 - 6　低噪声放大器输入一阶失调点示意图

　　下面进一步分析收发隔离器件的选择。无源器件（如环形器）是常用的隔离器件，典型雷达系统、导引头等均采用环形器作为隔离器件使用。采用该种隔离技术的射频前端发射和接收状态可以同时进行，其工作原理如图 8 - 7 所示。

　　环形器采用铁氧体形成磁场，射频信号正向传输时，传输损耗很小（通常在 0.5 dB 以下）；射频信号反向传输时，传输损耗很大（通常在 25 dB 以上）。同时，铁

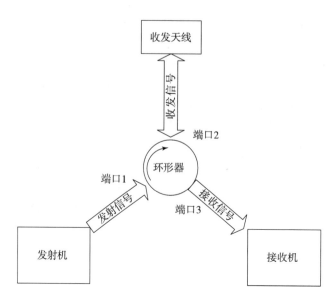

图 8 – 7　环形器收发隔离系统示意图

氧体环形器具有很大的功率容量。

定义环形器端口 1 到端口 2 的传输 S 参数为 S_{21}，端口 2 到端口 1 传输 S 参数为 S_{12}，同理，可以定义 S_{11}、S_{13}、S_{31}、S_{32}、S_{23}、S_{33}、S_{22}。因此，环形器的传输 S 参数可以写为：

$$S = \begin{bmatrix} S_{11} & S_{12} & S_{13} \\ S_{21} & S_{22} & S_{23} \\ S_{31} & S_{32} & S_{33} \end{bmatrix} \tag{8-6}$$

对于引信调频连续波射频前端，天线会接入端口 2 中。研究系统隔离度时，可以将环形器视为二端口网络。端口 3 处从端口 1 泄漏的信号 X_3 可以表示为：

$$X_3 = \left(S_{31} + \frac{\Gamma_{all}}{1 - S_{22}\Gamma_{all}} S_{21} S_{32} \right) X_1 \tag{8-7}$$

式中，X_1 为端口 1 的发射信号；Γ_{all} 为等效天线反射系数。Γ_{all} 主要由两部分组成：一部分为天线自身的反射系数 Γ_1，一部分为天线罩反射信号的等效天线发射系数 Γ_2，$\Gamma_{all} = \Gamma_1 + \Gamma_2$。由于 $1 \gg S_{22}\Gamma_{all}$，因此上式可以简化为：

$$X_3 = (S_{31} + \Gamma_1 S_{21} S_{32} + \Gamma_2 S_{21} S_{32}) X_1 \tag{8-8}$$

从式（8-8）可以看出，对于采用无源隔离器件的隔离系统，其进入接收机的泄漏信号主要由三部分组成：经过环形器直接从端口 1 耦合进入端口 3 的发射信号，这一部分的信号大小取决于环形器的绝对隔离度；由天线端口不匹配而反射形成的信号从端口 2 进入端口 3；由天线罩发射的信号经天线由端口 2 进入端口 3。实际泄漏信号为上述三种信号的矢量和。

通过合理设计 S_{31}、Γ_1、Γ_2 的相位和大小，使合成信号由于各个成分的相位抵消而变得很小。此类设计受到多种因素的影响，如信号带宽、加工进度等。取标量和作为设计依据，可以得到收发隔离度为：

$$L_{\text{leakge}} = \frac{P_{\text{r\_leakage}}}{P_{\text{send}}} = 10\lg(\,|S_{31}|^2 + |\Gamma_1 S_{21} S_{32}|^2 + |\Gamma_2 S_{21} S_{32}|^2\,) \qquad (8-9)$$

从上式中可以看出，收发隔离度不仅与环形器自身的本征隔离度 $|S_{31}|^2$ 有关，还与天线的反射系数及天线罩的反射情况有关。大多数常规武器引信系统使用体积小的微带天线或缝隙天线，这种类型的天线往往不能在较大带宽内实现较低的反射系数。此时天线反射 Γ_1 在整个收发隔离度中起到了决定性的作用，例如，对于本征隔离度 $|S_{31}|^2 = 25$ dB，天线驻波比 1.2 的收发隔离系统来说，反射系数 $\Gamma_1 \approx 20$ dB，由于 $|S_{21}|^2$、$|S_{32}|^2$ 通常很小（典型 0.5 dB），此时整个收发隔离系统的隔离度只有 $L_{\text{leakge}} \approx 21$ dB，小于环形器的本征隔离度 25 dB。因此，在设计采用环形器作为隔离器件的射频前端系统时，收发天线的发射系数是必须要严格考虑的因素之一。

固态开关具有体积小、开关切换速度快、隔离度高等优点，如 MINI – CIRCULT 提供的 M3SWA – 2 – 50DR SPDT 固态射频开关在 S 波段的典型开关切换时间可以达到 10 ns，隔离度 50 dB，插入损耗 1 dB，表面积 25 mm^2。将固态开关应用于引信射频前端可以很好地解决体积、隔离等问题。基于固态射频开关隔离的收发隔离系统示意图如图 8 – 8 所示。

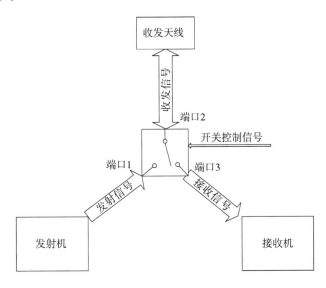

图 8 – 8 基于固态开关收发隔离系统示意图

固态开关在外部控制信号的作用下，在收发状态之间来回切换。当控制电平为 1 时，固态开关接通端口 2 和端口 1，射频系统处于发射转状态，此时端口 3 处于匹配短路状态；当控制电平为 0 时，固态开关接通端口 2 和端口 3，射频系统处于接收状态，此时端口 1 处于匹配短路状态，用以吸收发射信号。外部控制信号高速切换，使固态开关在收发状态间高速切换，从而实现收发分时隔离。

结合式（8-8），由于固态开关隔离的收发系统在发射状态时，接收机处于匹配短路状态，天线反射的发射信号及天线罩反射的信号无法进入接收机，因此整个收发系统的隔离度等于固态开关的本征隔离度。

$$L_{\text{leakge}} = \frac{P_{\text{r\_leakage}}}{P_{\text{send}}} = 10\lg\,(\mid S_{31}\mid^{2}) \tag{8-10}$$

使用固态开关隔离的收发系统，由于其收发并不是同时进行的，因此其回波信号、差频信号的产生机理、工作原理都与传统 FMCW 测距系统的有区别。相比于使用环形器隔离的收发隔离系统，使用 PIN 固态开关的收发隔离系统具有如下优缺点：

• 隔离度高：典型情况下固态开关隔离系统的隔离度可以达到 50 dB，而使用环形器的隔离系统只能达到 25 dB，并且对天线设计要求很高。

• 体积小成本低：典型 PIN 固态开关常常做成芯片级大小，而环形器需要铁氧体产生磁场，体积相对较大，不适合常规武器引信使用。

• 功率容量低：PIN 固态开关的一个典型特点是功率容量低，通常在瓦级，相比于环形器的千瓦级要小很多。

• 传输损耗大：PIN 固态开关的导通损耗通常能够 1 dB 以上，同时，由于收发不能同时进行，平均发射功率将会存在损失（50% 占空比下损失达到 3 dB），同理，接收通道也存在损失，整个系统相比较环形器隔离系统来说，典型多出至少 6 dB 的传输损耗。

8.2 调频连续波引信探测器设计

此处设计了一种基于 PIN 固态开关隔离的 FMCW 引信射频前端，由于采用了开关控制，发射和接收信号被开关有规律地切换，此时称这种工作体制为调频准连续波（FMICW）体制。调频准连续波体制采用射频开关实现收发分离，收发共用天线的同时，能够产生较高的收发隔离度。线性调频准连续波体制是调频连续波体制与脉冲体制的结合，兼具调频连续波和脉冲体制的优点。由于具备高隔离度、低复杂度、适合小体积集成的优点，线性调频准连续波射频前端在常规武器引信上有很好的应用价值。

8.2.1 FMICW 引信工作原理

线性调频准连续波体制（FMICW）采用开关实现收发分时隔离，如图 8-9 所示。由于收发开关的分时收发特性，FMICW 发射信号和接收信号不再是严格意义上的连续波。

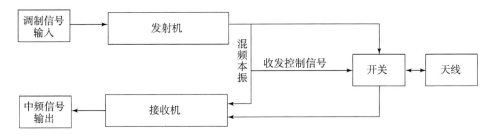

图 8 - 9　FMICW 体制射频前端结构示意图

开关收发状态切换示意图如图 8 - 10 所示。

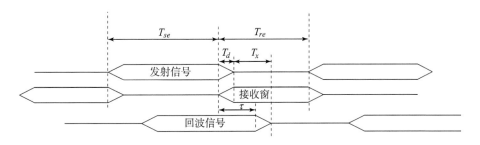

图 8 - 10　固态 PIN 开关收发状态切换示意图

开关调制前后发射信号对比图如图 8 - 11 所示，其中图 8 - 11（a）表示未被开关调制时的发射信号，图 8 - 11（b）表示被开关调制后的发射信号。

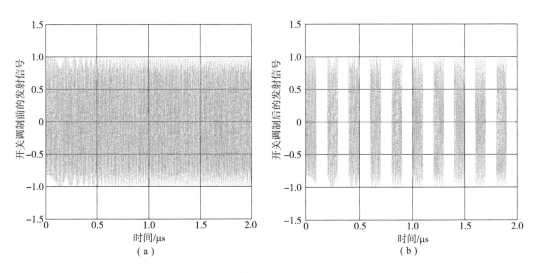

图 8 - 11　开关调制前后的时域发射信号

开关调制前后信号的功率谱如图 8 – 12 所示，其中图 8 – 12（a）表示未被调制时发射信号的功率谱，图 8 – 12（b）表示调制后的功率谱。从图中可以看出，被开关调制后的发射信号的功率谱密度降低了，平均发射功率降低，发射信号的带宽变宽。

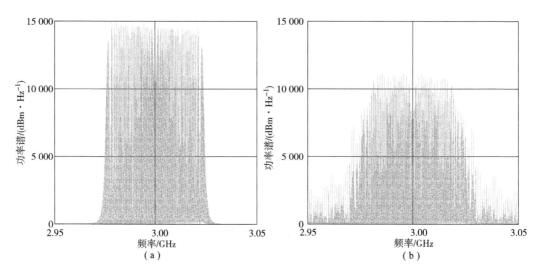

图 8 – 12　开关调制前后发射信号的功率谱

图 8 – 13 给出了 $T_{se} \geq T_{re}$ 时，射频开关引入的探测灵敏度损失与回波时延 τ 的关系。通过合理选择参数，可以使 τ 在一定范围内射频前端具备较小的开关损失。当 $T_{se} \geq T_{re}$ 时，同理可以推导出相同结论。

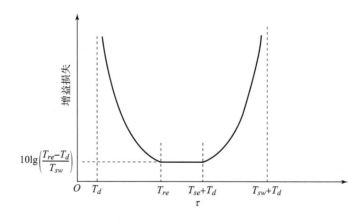

图 8 – 13　开关隔离引入的增益损失与回波时延 τ 的关系

8.2.2　FMICW 引信探测器设计

调频准连续波（FMICW）引信射频前端由天线、射频开关、发射通道和接收通道组成。发射通道包括压控振荡器（VCO）、功率分配器、功率放大器（PA）。接收通道包括低噪声放大器、混频器、滤波器、自动增益控制器组成，如图 8 – 14 所示。调制信号（通常为三角波或锯齿波）经过信号调理电路处理后控制压控振荡器（VCO）产生频率跟随调制信号变化的调频信号。之后射频信号经功率分配器分成两部分，一部分输送给接收通道，充当混频本振信号，另一部分输送至功率放大器放大，经过射频开关后输送至天线。射频信号遇到目标后，产生的散射信号被天线接收，经收发开关进入接收通道。接收信号经过低噪声放大器放大，与本振信号混频后产生差频信号。差频信号经过中频滤波器后由 AGC 稳幅放大，输出至信号处理端。

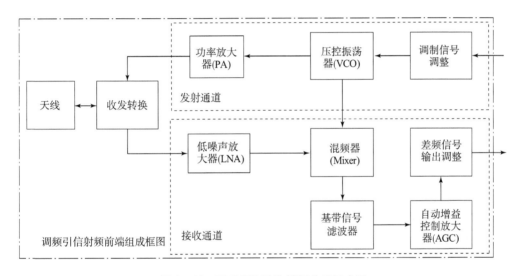

图 8 – 14　FMICW 引信射频前端组成图

收发开关 FMICW 是射频前端的核心器件，收发开关通过在收发状态之间不停切换，使系统通过分时复用的方式实现收发共用一个天线，同时完成收发通道隔离。

天线用于发射和接收射频信号。评估天线主要性能指标有天线增益、方向图、带宽等。结合对地引信的应用特点，通常弹体落角变化大，因此要求天线具备较宽的方向图。同时，由于调频引信的发射带宽较宽，要求天线具备较大的带宽。图 8 – 15 和图 8 – 16 分别为本章采用的微带天线 S_{11} 参数图和 E 面方向图。

该例中，微带天线中心谐振频率为 2.73 GHz，10 dB 谐振带宽 80 MHz，3 dB 主瓣宽度为 100°，主瓣增益为 3.2 dB。天线采用常规 FR4 存底材料，存底为直径 35 mm 的圆盘。采用底面馈电。

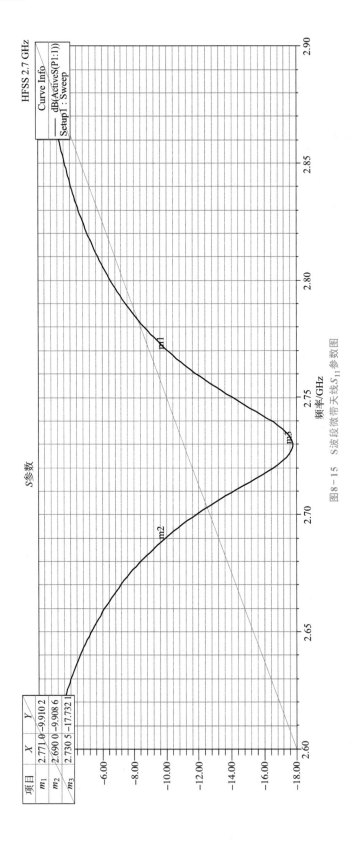

图8-15 S波段微带天线S_{11}参数图

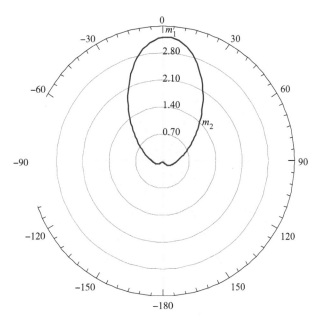

图 8 - 16　S 波段微带天线 E 面方向图

8.2.3　FMICW 测试及分析

射频前端测试主要涉及射频前端发射信号功率测试、接收灵敏度测试、发射信号带宽测试等。

1. 发射功率

将射频前端的收发转换开关设置为常发状态，此时射频前端一直处于发射状态，将射频前端连接到频谱仪上，测得发射信号功率谱如图 8 - 17 所示。

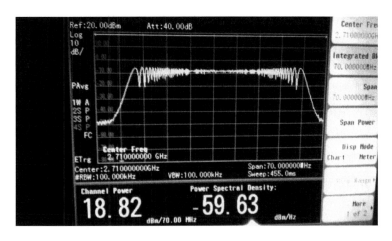

图 8 - 17　射频前端处于常态发射状态时发射信号功率谱

从图中可以看出，发射信号带宽为 50 MHz，发射信号功率为 18.8 dBm。如果将射频前端设置为正常工作状态，即射频前端在收发状态之间快速切换。发射信号会被开关信号调制，发射信号总功率下降，发射信号带宽变宽，如图 8 - 18 所示。

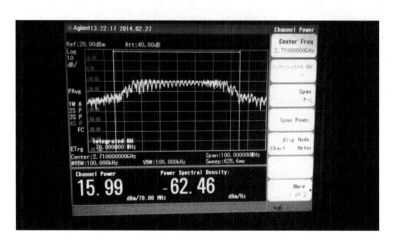

图 8 - 18　射频前端处于正常工作状态时发射信号功率谱

从图中可以看出，发射信号带宽变宽，发射信号平均功率下降为 16 dBm。除了开关理论收发损失外，系统还会存在额外损失，主要包括两方面：首先，射频开关在收发状态间切换时引入的切换时间会带来的损耗；其次，发射信号带宽被展宽，发射信号功率谱上升沿变平，导致能量向旁带泄漏，造成发射信号平均功率下降。

2. 接收灵敏度

射频前端接收灵敏度是射频前端的一个核心参数，将发射信号频率固定，采用射频源模拟低功率回波信号方法来简易测量射频前端接收灵敏度。首先将射频前端的发射信号频率固定在系统中心频率上，将射频源输出信号频率设置为系统中心频率偏移 1 MHz 的频率点上。调节射频源的输出功率，观察 AGC 输出中频信号，以 AGC 出现明显失锁为门限点，通过此方法可测量射频前端的接收灵敏度。

图 8 - 19 为射频源输入功率分别为 -75 dBm 和 -80 dBm 时的 AGC 输出中频信号，从图中可以看出，输入信号为 -75 dBm 时，AGC 输出信号十分稳定清晰；当输入信号功率为 -80 dBm 时，AGC 输出信号较为清晰，出现一定的噪声，但 AGC 没有出现失锁。可以估计射频前端接收灵敏度达到 -80 dBm。

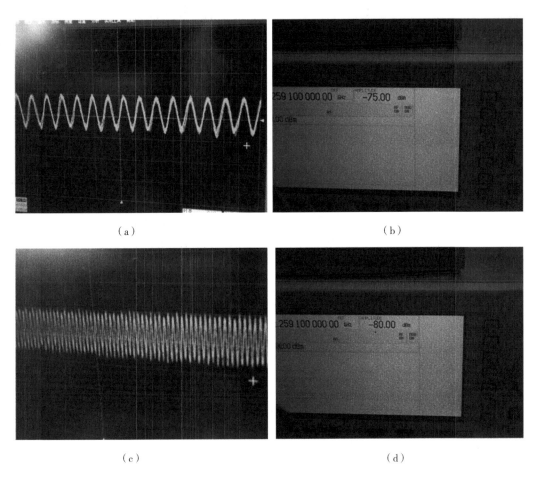

（a）

（b）

（c）

（d）

图 8 – 19　不同输入功率下 AGC 输出中频信号

（a）输入 – 75 dBm 时 AGC 输出中频信号；（b）射频源输出功率 – 75 dBm；

（c）输入 – 80 dBm 时 AGC 输出中频信号；（d）射频源输出功率 – 80 dBm

3. 系统静态测试

　　静态试验主要用于测试系统在较为理想目标环境下的基本测距性能，评估系统测距误差。试验中目标和探测器之间的相对位置关系保持不变。试验中采用金属反射体作为目标，草地环境如图 8 – 20 所示。图 8 – 21 为实测差频信号与调制信号关系，图中分别表示距离 8 m、10 m、12 m、14 m、16 m 和 18 m 时的差频信号每图中，上图为调制信号，下图为差频信号。从图中可以看出，差频信号与调制信号对应关系与理论分析一致。需要说明的是，此处采用的调制信号为梯形波，与三角波调制原理一致。

图 8-20　调频连续波测距静态试验场景

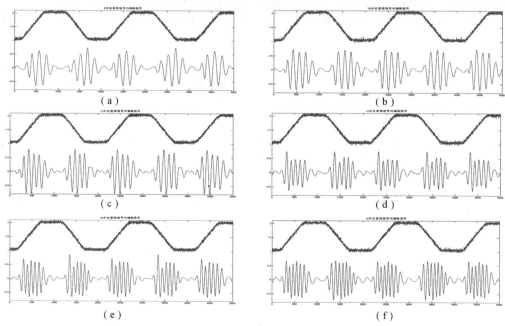

图 8-21　目标距离为 8 m、10 m、12 m、14 m、16 m、18 m 时的差频信号

(a) 8 m；(b) 10 m；(c) 12 m；(d) 14 m；(e) 16 m；(f) 18 m

8.3　调频连续波引信信号处理器设计

8.3.1　信号处理器硬件设计

引信的特殊应用环境对信号处理平台提出了特殊的要求，小体积是常规武器对引信的一个基本要求，同时，要求信号处理平台具备较强的处理能力。本小节介绍一种以 FP-GA 为核心器件的信号处理系统设计，信号处理算法采用双通道谐波定距法。该系统还包括模拟数字转换器（A/D）、数字模拟转换器（D/A）、FPGA 配置电路与接口电路、供电电路及 FPGA 外围存储电路。硬件电路需要 3 块 PCB 板，硬件框图如图 8-22 所示。

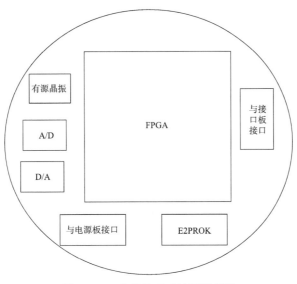

图 8 - 22　信号处理系统硬件框图

8.3.2　信号处理算法设计及实现

谐波定距法是在分析差频信号频谱特性的基础上设计的一种调频引信信号处理方法，弹目接近过程中，各次谐波 nf_m 处的能量与目标距离有一定的对应关系，如图 8 - 23 所示，可以利用差频信号频谱的这个特点完成对目标距离的判定。

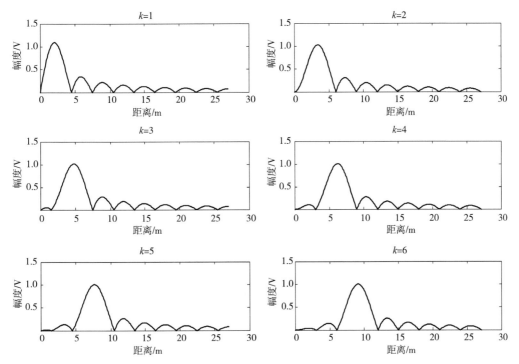

图 8 - 23　不同次谐波 $kf_m \pm f_d$ 处频谱能量包络与目标距离关系

为了较好地对抗干扰，采用双通道谐波定距方法，如第 2 章所述。数字化双通道谐波处理的流程如图 8 – 24 所示，数模模拟转换器（A/D）将差频信号采集进入数字信号处理系统，通过二次正交混频和多普勒低通滤波获取双通道多普勒信号，并获取多普勒信号的包络，根据双通道门限完成目标信息的提取，从而完成定距。

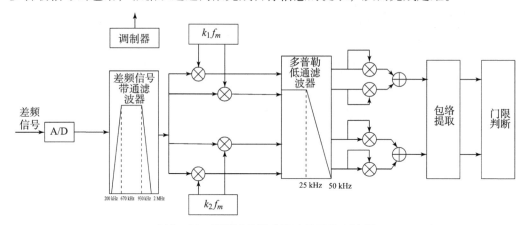

图 8 – 24 双通道谐波定距法信号处理流程

由于谐波定距法只在某一次谐波维度上观察多普勒信号，即相当于在某一距离维上观察多普勒信号，相邻谐波之间的距离 $\Delta R = C/(4\Delta F)$，即三角波调频测距系统的定距精度仍然受由调制频偏决定的固有误差限制。但由于双通道谐波定距法充分利用目标多普勒信息，信号处理带宽很窄，具有较好的噪声性能，能在较低的信噪比下获取较好的定距效果，因此此例中仍采用此法作为信号处理方法。

经过取模电路输出的单通道多普勒信号模值如图 8 – 25 所示。其中设置的调制频偏 $\Delta F = 50$ MHz，调制频率 $f_m = 80$ kHz，通道对应距离 $R = 12$ m。采用多普勒平滑滤波是为了更好地提取通道的多普勒信号包络。

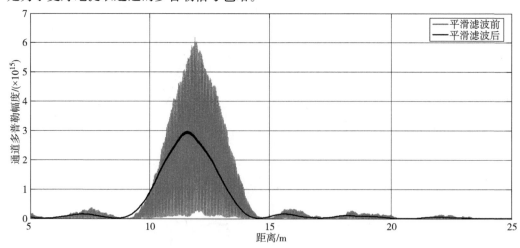

图 8 – 25 平滑滤波前后的通道多普勒信号

8.4　起爆回路和爆炸序列设计

起爆回路和爆炸序列的工作过程是接收到信号处理器输出的发火信号后，起爆回路输出能量使雷管作用，雷管输出的发火能量通过导爆管和传爆管进行放大，最后对战斗部输出足够的能量，实现战斗部可靠而完全的作用。

引信爆炸序列通常由雷管、导爆管、传爆管组成，随战斗部类型、作用方式、装药量的不同可进行调整。爆炸序列按有无隔爆机构，可分为隔爆型爆炸序列和直列式爆炸序列。由于直列式爆炸序列具有安全性好、可靠性高、环境适应性强等特点，符合引信技术的发展趋势，因此，引信设计时采用了直列式爆炸序列。

8.4.1　起爆回路设计

直列式爆炸序列中的雷管为冲击片雷管，其可靠作用时，需起爆回路提供脉冲大电流信号。

起爆回路由高压电容器、高压开关、脉冲电流传输线等部分组成，设计时，高压电容器、高压开关、脉冲电流传输线均选用成熟技术实现，经测试，其输出脉冲电流峰值不小于 2.0 kA。

8.4.2　直列式爆炸序列设计

1. 雷管设计

雷管选用冲击片雷管，其工作过程是脉冲大电流作用，使桥箔气化产生等离子体，等离子体切割飞片，飞片经加速膛加速后冲击起爆雷管始发药。该雷管是新一代火工品，其性能参数设计如下：

①雷管始发药应选择 HNS-4 装药，并通过 GJB 2178 规定的安全性试验；

②雷管不能被 500 V 以下的任何电压起爆。

经测试，冲击片雷管性能满足规定要求。

2. 导爆管和传爆管设计

导爆管和传爆管设计参数如下：

①导爆管和传爆管装药应通过 GJB 2178 规定的安全性试验；

②导爆管应可靠起爆传爆管；

③传爆管应可靠起爆战斗部装药。

经测试，导爆管和传爆管性能满足规定要求。

8.5　引信能源设计

引信能源是引信工作的基本保障，对于电引信，通常选用物理或化学电源。常用的引信物理或化学电源有涡轮电动机、磁后坐电动机、储备式化学电源、锂电池、热电池等。其中，热电池又称热激活储备电池，储存时，电解质为不导电的固体，使用时用电发火头或撞针机构引燃其内部的加热药剂，使电解质熔融成离子导体而被激活。

由于热电池具有很高的比能量和比功率、使用环境温度宽、储存时间长、激活迅速可靠、结构紧凑、工艺简便、造价低廉、不需要维护等优点，在导弹、火炮等现代化武器系统中获得了广泛应用，因此，引信设计时，能源选择热电池。设计参数如下：

①输出电压为 28 ~ 33 V；

②工作时间不小于 30 s；

③输出电流不小于 2 A。

经测试，热电池参数满足规定要求。

参 考 文 献

［1］ 叶英．中国军事百科全书引信［M］．北京：军事科学出版社，1997．

［2］ 崔占忠，宋世和，徐立新．近炸引信原理［M］．北京：北京理工大学出版社，2005．

［3］ 张培成，何武城．导弹技术词典引信［M］．北京：宇航出版社，1985．

［4］ 赵惠昌．无线电引信设计原理与方法［M］．北京：国防工业工业出版社，2012．

［5］ 袁正，孙志杰．空空导弹引战系统设计［M］．北京：国防工业出版社，2007．

［6］ 张清泰．无线电引信设计原理［M］．北京：北京理工大学出版社，1985．

［7］ 胡广书．现代信号处理教程［M］．北京：清华大学出版社，2004：122 – 139．

［8］ 李玉清，彭绍奇，陈继良．国外防空导弹引信发展趋势综述［J］．制导与引信，1988．

［9］ 李玉清．近 20 年来国外导弹引信技术研究与发展概况［J］．制导与引信，2002，23（3）：2 – 8．

［10］ Igor V Komarov，Sergey M Smolskiy，Fundamentals of Short-Range FM Radar［M］．Norwood，MA：Artech House，2003．

［11］ 崔平，齐杏林．从外军引信装备研制情况看引信技术发展趋势［J］．四川兵工学报，2005（4）：9 – 12．

［12］ 荣竹，吴卓明．几种南非航空炸弹引信分析［J］．探测与控制学报，2004（1）．

［13］ 施坤林，黄峥，马宝华．国外引信技术发展趋势分析与加速发展我国引信技术的必要性［J］．探测与控制学报，2005，27（3）：1 – 5．

［14］ 徐春亮，陈彦．典型地面物后向散射特性的测量与分析［J］．地球科学进展，2009（7）．

［15］ Stratton J A．电磁理论［M］．方能航，译．北京：科学出版社，1992．

［16］ 阮颖铮．雷达截面与隐身技术［M］．北京：国防工业出版社，1998．

［17］ 王承华，赵景元．谐波比较式调频定距引信的研究及实现［C］．中国兵工学会引信专业委员会第十届引信学术年会论文集，1997（10）：93 – 100．

［18］ Merrill Skolnik．雷达系统导论［M］．左群声，译．北京：电子工业出版社，

2007.

［19］向程勇，潘曦．基于求导比值的调频连续波测距方法［J］．兵工学报．

［20］向程勇，潘曦．高精度调频准连续波探测系统设计及实现［D］．北京理工大学，2014.

［21］宋玮．FMCW 雷达测距精度及其信号处理技术的研究［D］．南京理工大学，2014.

［22］齐国清．FMCW 雷达相位测量误差分析及抑制方法［J］．信号处理，1998，14（2）：189-192.

［23］Ko H H，Cheng K W，Su H J. Range resolution improvement for FMCW radars［C］. Proceedings of the 5th European Radar Conference. NJ，USA：Inst. of Elec. and Elec. Eng. Computer Society，2008：352-355.

［24］韩银福．无线电调频定高引信技术研究［D］．西安电子科技大学，2009.

［25］程佩青．数字信号处理教程［M］．北京：清华大学出版社，2003.

［26］谢沅清，邓刚．通信电子电路［M］．北京：电子工业出版社，2005.

［27］Emmanuel C Ifeachor，Barrie W Jervis. 数字信号处理实践方法［M］．第二版．罗鹏飞，译．北京：电子工业出版社，2004：235-307.

［28］陈邦媛．射频通信电路［M］．北京：科学出版社，2006.

［29］粟欣，许希斌．软件无线电原理与技术［M］．北京：北京人民邮电出版社，2010.

［30］杨小牛，楼才义．软件无线电技术与应用［M］．北京：北京理工大学出版社，2010.

［31］Sanjit K Mitra. 数字信号处理——基于计算机的方法［M］．孙洪，译．北京：电子工业出版社，2006：424-469.

［32］丁鹭飞，耿富录．雷达原理［M］．西安：西安电子科技大学出版社，2005.

［33］张德丰．MATLAB 数字信号处理与应用［M］．北京：清华大学出版社，2010.

［34］马建国，孟宪元．FPGA 现代数字系统设计［M］．北京：清华大学出版社，2010.

［35］杜勇，路建功，李元洲．数字滤波器的 MATLAB 与 FPGA 实现［M］．北京：电子工业出版社，2012.

索　引

207

M

N

P

（王彦祥　张若舒　编制）